DER „ANDERE" URKNALL

(Schöpferimpuls)

1. Einleitung

Dieses Buch ist ein Tatsachenbericht und stellt hauptsächlich die revolutionierend neuen Forschungsergebnisse des Privatgelehrten Hans Ulrich Wolter in den Mittelpunkt.

Im Einverständnis mit Herrn Wolter habe ich dieses Buch geschrieben und er hat meine Fragen beantwortet. Auch hat er mir erlaubt, Auszüge aus seinen Vorträgen sowie aus seinen Büchern „Universum" und „NO BANG", die er im Eigenverlag herausgegeben hat, aufzuführen.

Ich will mir nicht anmaßen, zu beurteilen, ob die Urknall-Theorie richtig oder falsch ist. Aber bisher kann wohl niemand mit Sicherheit behaupten, dass der Big-Bang überhaupt stattgefunden hat. Denn immerhin sucht man noch händeringend wichtige Grundpfeiler dieser Theorie.

So wie z. B. die sog. „Dunkle exotische Materie, Dunkle exotische Energie, das Higgsfeld" und noch einiges mehr, um die Theorie aufrechterhalten zu können. Anhand der großen und teuren Beschleuniger hofft man nun, diese so äußerst wichtigen Beweisstücke des Urknalls irgendwie noch zu finden.

Da man bis heute immer noch nach der „Weltformel" sucht, ist dies der Beweis, dass noch viele Fragen offen sind.

Mein Buch richtet sich an alle Menschen, die sich für eine einfache und verständliche Erklärung wissenschaftlicher Phänomene und Rätsel interessieren. Es werden verschiedene Wissensbereiche – wie u. a. Weltraum, Klima, Sonne, Erde, – angesprochen, beleuchtet und

miteinander vernetzt. **Dieses vernetzte Denken zeigt neue Wege zur gesuchten „Weltformel".**

Auf eine besondere und – wie ich hoffe - spannende Weise gehe ich auf diese Gebiete ein und stelle die Meinungen von bedeutenden Wissenschaftlern in meinem Werk vor.

Der bekannte Historiker Dr. S. Fischer Fabian nennt das Bestreben, die großen Zusammenhänge im Weltall zu verstehen und zu erklären: „Das kühnste Abenteuer der Menschheit".

Ich bin ein gradlinig, einfach und logisch denkender Mensch.
Ich lasse deshalb auch einfach und logisch denkende Wissenschaftler und Forscher zu Wort kommen.
In meiner Arbeit verwende ich keine Fremdworte und keine Formeln und Gleichungen (außer $E = mc^2$). Für mich gilt Logik und Verständlichkeit, da sie das Fundament für alle Wissensbereiche sind (oder sollen es zumindest sein!).

Das sog. Urknall-Modell, das von dem Jesuitenpater G. Lemaitre ins Leben gerufen wurde, wird jedoch inzwischen von vielen bedeutenden Wissenschaftlern in Frage gestellt - bzw. abgelehnt -. Ich habe ihre eindeutigen Aussagen in diesem Buch vorgestellt.

Ich stütze mich auch auf die großen Denker der Antike wie u. a. auch Aristarchos, Aristoteles, Heraklit, Parminides, Demokrit, Anaximander und Lukrez. Viele von ihnen könnte man als Privatgelehrte bezeichnen, denn sie hatten oft kaum ein Studium oder eine höhere Schulbildung – im heutigen Sinne - genossen. Und dennoch haben sie Großes geleistet. Wir haben ihnen viele bedeutende Erkenntnisse und Entdeckungen zu verdanken.

Solche großen und bedeutenden Denker und Privatgelehrte gab es nicht nur vor über zweitausend Jahren, sondern es gibt sie – nach meiner Überzeugung – auch heute noch.

Man sollte nicht nur nach Menschen mit Titeln suchen, sondern muss auch nach Persönlichkeiten Ausschau halten und diese zu Wort kommen lassen, die – wie die genannten Weisen – den Mut besitzen, sich auch gegen die herrschenden Trends, Moden und Theorien zu stellen, um neue und bessere Argumente zu finden und zu präsentieren.
Es müssen Charaktere sein, die gute und einfache sowie stichhaltige Modelle vorweisen können, um ihre neuen Erkenntnisse zu stützen und zu beweisen.
Modelle, die mit den exakten Beobachtungen – und darüber hinaus mit den Gesetzen der Physik – in Übereinstimmung gebracht werden können.

Die neuen Argumente müssen außerdem einfach und leicht verständlich sein! Siehe z. B. auch die Forderung des großen William von Ockham, der sinngemäß sagt: Alles was richtig ist, muss auch einfach und verständlich sein! Das sog. „Ockham Messer" schneidet alles Überflüssige und Unverständliche weg!

Vor allem muss man das Glück haben, solche besonderen Menschen zu finden.
Ich habe einen solchen „Privatgelehrten" kennengelernt und werde ihn und seine neuen Erkenntnisse in diesem Buch vorstellen.

Die Leser dieses Buches sollen dann selbst entscheiden, wie ihnen die einfachen und logischen Erklärungen des Hans Ulrich Wolter gefallen.

Ich werde daneben auch die oft komplizierten Erklärungen von großen etablierten Wissenschaftlern – wie z. B. die des bekannten Professors Harald Lesch – vorstellen und der Leser kann sich dann fragen, ob diese Kosmologie noch zu „verstehen" und zu akzeptieren ist.

Das neue Wolter-Modell:
Hans Ulrich Wolter hat seit 29 Jahren die Beobachtungen mit den immer besseren Teleskopen zusammengetragen und hat diese miteinander vernetzt. Und diese Vernetzung ist dringend notwendig, um die Zusammenhänge – u. a. auch Kosmos und Klima - verstehen und überprüfen zu können.

Siehe auch die Aussagen der Professoren James Trefil und E. R. Harrison:

Der bedeutende Physiker, Prof. James Trefil (USA) fordert zu Recht in seinem Buch „Fünf Gründe, warum es die Welt nicht geben kann": „Wir scheinen in eine Situation geraten zu sein, wo uns das Scheitern bei der Lösung einer Reihe von Problemen zu der Erkenntnis geführt hat, dass alle Rätsel zusammen gelöst werden müssen.
Ein Ansatz, der darauf baut, Schritt für Schritt voranzukommen, hat keine Aussicht auf Erfolg!" So weit Prof. Trefil.

Ähnlich sagt es auch Prof. E. R. Harrison (USA): „Die Kosmologie ist die einzige Wissenschaft, in der eine Spezialisierung uns nicht voranbringt. Das hauptsächliche Ziel der Kosmologie liegt also darin, das Rätsel des kosmischen Zusammenpassens (der Beobachtungen, der Fakten und der Bilder) zu lösen, und nicht im Einzelnen irgendein besonderes Teilchen des Puzzle-Spiels zu untersuchen.
Während alle anderen Wissenschaftler das Universum in immer kleinere Abschnitte und Teilchen zerlegen, bemüht sich der Kosmologe, die Stücke zusammenzufügen, um das Bild auf dem Puzzle zu erkennen!" Zitat Ende.

Hans Ulrich Wolter setzt die Puzzles so präzise und exakt zusammen, wie es die vorgenannten Physiker fordern und es erscheint ein einfaches und logisches Bild vom All, das mit den ehernen Naturgesetzen in Übereinstimmung ist.

Wolter hatte seine neuen Erkenntnisse am 24.04.1991 in der Fernseh-Sendung „Sonde-Technik-Wissenschaft" erläutert und außerdem sein Buch „Universum" in dieser Sendung vorgestellt. Die TV-Sendung habe ich als DVD in Händen.
Die Bilder, die in diesem Buch zu sehen sind, hat Herr Wolter selbst in den 80-er Jahren gezeichnet, und zwar auf Grund seiner neuen Erkenntnisse.

Wolters Erklärungen, die er in seiner Fernsehsendung vorgestellt hatte – leider standen ihm nur 14 Minuten Sendezeit zur Verfügung - werden nun durch die exakten Beobachtungen mit den immer besseren Teleskopen bestätigt.

Anschließend ein Beispiel, wie einfach und logisch Wolters Erläuterungen sind:
Bisher konnte man nicht erklären, warum die Sonne etwa alle elf Jahre mehr Sonnenflecken hervorbringt und damit auch das Klima der Erde stärker beeinflusst.
Die Erklärung Wolters lautet: Wie bekannt, ist alle elf Jahre der gigantische Jupiter (massereicher als alle Himmelskörper des Sonnensystems zusammen) der Sonne besonders nahe! Jupiter läuft auf elliptischen Bahnen um die Sonne und kommt ihr alle elf Jahre deutlich näher. Bei dieser Annäherung läuft Jupiter schneller und heizt die Sonne deshalb natürlich auch stärker durch „Gezeitenreibung" auf. (Durch höhere Geschwindigkeit wird natürlich auch die Fliehkraft von Jupiter entsprechend stärker, desgleichen auch die Reibung und Aufheizung in Jupiter und auch in der Sonne!).
So einfach und überzeugend ist also diese Erklärung der periodisch heißeren Sonne mit Hilfe des neuen Wolter-Modells und so genial einfach und stimmig sind alle seine revolutionierenden Erklärungen!

Weitere Bestätigungen des Wolter-Modells - aus jüngster Vergangenheit - werde ich noch später aufführen.

Es war schon oft so, dass einfache und scheinbar unbedeutende Frauen und Männer – heute die großen Entdecker genannt – (siehe z. B. Kopernikus, M. Curie, Galilei, Darwin und Mendel) schließlich doch Recht bekamen. Zu ihren Lebzeiten wurden sie jedoch oft als die „Spinner und Außenseiter" verlacht, ignoriert und bekämpft. In meinem Werk unterstütze ich die Menschen, die sich zutrauen, die alten Theorien in Frage zu stellen und neue Wege zu gehen, ebenso wie die genannten großen Entdecker.
Ich frage z. B.: „Warum geht man nicht näher auf die Kritik bedeutender Wissenschaftler ein?"

Dr. Ing. A. Rabich, Dülmen schreibt in Spektrum der Wissenschaft vom Febr. 2009:

„Kritikfähigkeit und Zulassen von Kritik" (Ratlos in die Zukunft):
„Die Vergangenheit und die Gegenwart werden nicht richtig erforscht! Es wird mehr oder weniger gedankenlos **das** übernommen, was einige (angeblich die Elite) vorgeben. Da wird an ein Kernproblem unserer Bildung gerührt:
Die Kritikfähigkeit und das Zulassen von Kritik.
Stattdessen wird Meinungsherrschaft betrieben.
Wir wissen tatsächlich über vieles nur sehr wenig und füllen die Wissenslücken mit Thesen und Annahmen! Da ist z. B. das Klima. Die paläoklimatischen Verhältnisse werden in die von Politikern vertretenen Ansichten eingepasst! Kritik aber ist die Voraussetzung für Fortschritt. Killerphrasäologie aber ist ihr Untergang. Korrekte Datenanalysen sind dürftig, solange man nicht willens ist, sie auch korrekt zu verwenden. Wir brauchen mehr Information." Ende des Zitats.
Das, was hier über das Klima gesagt wird, gilt in gleicher Weise wohl auch für viele andere Wissensbereiche!
Das Klima wird u. a. auch aus dem Kosmos – und also auch durch die Sonne und den Jupiter – gesteuert.
Ich komme zu dem Ergebnis, dass die bemerkenswerten neuen Erkenntnisse und Aussagen der sog. „kritischen Forscher und Wissenschaftler" doch wohl ernst genommen werden müssen!

Darüber hinaus müssen aber auch - wie schon gesagt - die großen Denker und Weisen der Antike beachtet werden. Man darf staunen, wie gut sie schon vor mehr als 2000 Jahren Richtiges erkannt haben.
Auch auf diese großen Entdecker stützt sich der Privatgelehrte Wolter, den ich mehrmals interviewte und bei seinen Vorträgen (z. B. Universität Bonn) dabei sein konnte.
Wie schon gesagt, Herr Wolter setzt die Puzzles seines Wissens so zusammen, dass man ein deutliches und klares Bild auf dem kosmischen Mosaik erkennen kann.

Ich will mit meinem Buch dazu beitragen, dass die Akzeptanz der besseren, verständlicheren und logischen Erklärungen wichtiger kosmischer und klimatischer Phänomene erreicht wird.
Und ich will die neuen Erklärungen zur Prüfung und Diskussion vorstellen.

Das ist der rote Faden, der sich durch mein Buch zieht und ich hoffe, dass dieses Ziel auch erreicht wird!

Ich meine, es wäre schade, wenn die Arbeiten von Hans Ulrich Wolter „in der Schublade" liegen bleiben müssten, nur weil er ein sog. „Außenseiter" ist und seine Forschungsergebnisse nicht in die „Standard-Theorie" (= Big-Bang-Modell) passen!

2. Der Meister Bauer

Hans Ulrich Wolter, Agrar-Ingenieur und Meister lernte ich vor einigen Jahren kennen.
Seine Lebensgeschichte – und vor allem seine neuen Entdeckungen in der Astrophysik und Kosmologie – faszinierten mich, ebenso seine Ausstrahlung:
Ein großgewachsener Mann um die 70 herum, sehr schlank – wohl auch deshalb, weil er keinen Magen mehr hat -. Durch eine Krebsoperation, so sagte er, sei ihm der gesamte Magen entfernt worden und die Ärzte hätten in quasi schon aufgegeben. Aber das Schicksal hätte es noch einmal gut mit ihm gemeint.
Mit seinem schneeweißen Haar und seinem weißen Vollbart machte er den Eindruck eines Professors, und als er von seiner Astrophysik erzählte, die er schon viele Jahre studierte, leuchteten seine braunen Augen.

In der Fernsehsendung „Sonde-Technik-Wissenschaft", in der er damals (im Jahre 1991) sein Buch „Universum" vorstellte und erläuterte, wurde er als Privatgelehrter vorgestellt.

Er ist ein Vertrauen erweckender Mann, der mir, das muss ich zugeben, manchmal auch unheimlich war. Und zwar deshalb, weil ich mir anfangs kaum vorstellen konnte, dass ein Außenseiter, der keinen Professorentitel besitzt, diese komplexen Prozesse in der Kosmologie umfassend verstehen und neu erklären könnte.

Als er sagte, er sei Bauer wollte ich dies zuerst nicht glauben, denn ich konnte ihn mir schlecht hinter einem Pflug vorstellen. Ebenso wenig konnte ich mir auch vorstellen, dass ein Bauer noch nebenberuflich Kosmologie und Astrophysik studieren konnte.

Er erklärte, er hätte etwas Neues in der Astrophysik und Kosmologie entdeckt, etwas revolutionierend Neues, und dieses Neue würde für das alte Standard-Modell, die Big-Bang-Theorie das „Aus" bedeuten!

„Dann sind Sie wohl ein neuer Einstein oder Galilei?", fragte ich ironisch und schaute ihn dabei skeptisch an.

Im Verlaufe der darauf folgenden Gespräche über „Gott und die Welt – und vor allem Astrophysik" - musste ich dann mit der Zeit doch zugeben, dass man seine Argumente nicht so einfach vom Tisch wischen konnte.

Aber bilden Sie, liebe Leser, sich Ihr Urteil selbst!

3. Dr. Rost und H. U. Wolter
   in „Sonde-Technik-Wissenschaft"

3. Programm in Baden-Baden vom 24.04.1991:

(Von dieser Fernsehsendung ist ein Video bzw. DVD - mit dazugehörigen Bildern - vorhanden).

Herr Wolter zeigte mir seine Video-Kassette aus „Sonde-Technik-Wissenschaft" und ich muss zugeben, dass ich beeindruckt war.

Dieses Video war eine Produktion der Fernsehsendung „Sonde-Technik-Wissenschaft" vom 3. Programm (Baden-Baden). Der Moderator war der bekannte Dr. Peter Rost,
(Film: Dirk Olaf Schmidt, künstlerische Gestaltung: Ulrike Knümann.).

Dr. Rost beginnt die Sendung mit den Worten: „Ob der Urknall jemals stattgefunden hat, das weiß kein Mensch. Jedenfalls galt mindestens 40 Jahre lang die Urknall-Theorie als unangefochten. Doch in den letzten Jahren sind erhebliche Zweifel daran aufgekommen.
Es gibt gewisse Phänomene, gewisse Ereignisse, die passen nicht so in diese Urknall-Theorie hinein, und da gehören besonders die sog. Quasare dazu.
Quasare, d. h. sternenähnliche Objekte. Und bei konsequenter Anwendung der Urknall-Theorie müssten das unvorstellbar große Materiensammlungen sein – unvorstellbar heiß und energiereich - und sie müssten sich mit unvorstellbarer Geschwindigkeit von uns weg bewegen. Und zwar sind sie auch unvorstellbar weit – nach dieser Theorie – zehn Milliarden Jahre!
Die Wissenschaft hat bisher für diese Quasare nie so eine richtige Theorie gefunden. Sie hat sich vielleicht – um es salopp zu sagen – bisschen herumgemogelt."

Der lange Bauer mit den großen Fäusten steht im grellen Scheinwerferlicht.

Man sieht ihm an, dass das alles sehr ungewohnt für ihn ist. Aber er verzieht keine Miene und ist völlig konzentriert.

Dr. Rost weiter: „Nun, ein Außenseiter hat eine Theorie für Quasare aufgestellt, die **mir** einleuchtet.
Ich stelle vor: Hans Ulrich Wolter. Er ist eigentlich von Haus aus Landwirt, beschäftigt sich aber schon seit mindestens zehn Jahren mit Kosmologie und er ist das, was man früher mal einen Privatgelehrten nannte.
Hans Ulrich Wolter hat eine Theorie für Quasare aufgestellt, wie sie, was sie sind, **mir** leuchtet das ein und, aber damit stellt er auch die Urknall-Theorie in Frage. Und da ist er eigentlich in sehr guter Gesellschaft, auch Einstein konnte sich da nie so ganz mit anfreunden.
Aber bevor wir darüber sprechen, möchte ich kurz in einem Trickfilm zeigen die – ich will`s mal taufen - „Wolter-Theorie".

Das Wolter-Modell, das Dr. Rost ankündigt, wird mit Hilfe eines Films von Herrn Wolter vorgestellt, die nachfolgenden Bilder des Films zeigen deutlich und besser als mathematische Formeln und Gleichungen die großen Zusammenhänge im All und in den Galaxien.

1. Teil des Films:

Eine alte Galaxie. Sie besteht aus Milliarden Sonnen.

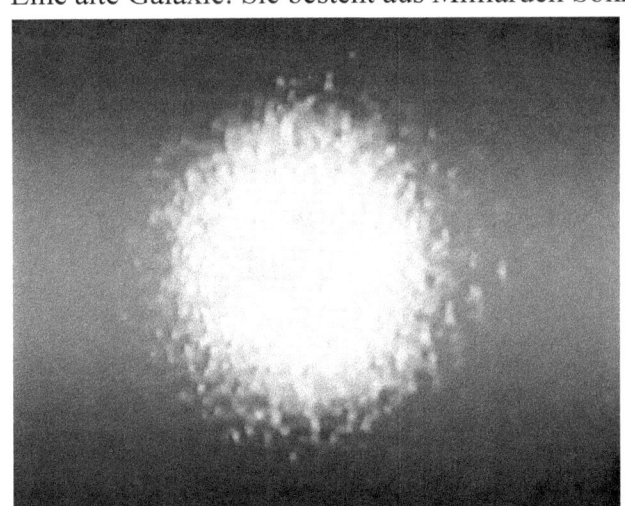

Deren Energievorrat ist zum größten Teil verbraucht.
Die Galaxie wird dadurch im Inneren instabil.

Computer-Modelle zeigen, wie es in ihr aussieht. Aus den Materie-Resten alter, total ausgebrannter Sonnen bildet sich ein dunkler Ring. Diese Materie ballt sich zusammen und verdichtet sich zu zwei schwarzen Löchern (Materieballungen).

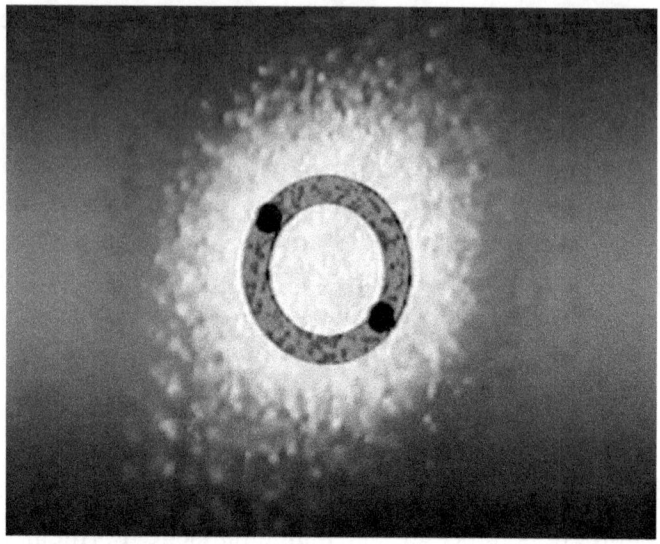

Diese saugen immer mehr alte Sonnen in sich auf. Sie werden immer größer, und damit wächst ihre Anziehungskraft. Ihre gemeinsame Bahn wird immer enger. Und je näher die beiden Materieballungen einander kommen, umso mehr zerren sie gegenseitig aneinander. Es ist dieselbe Kraft, die Gezeitenkraft, mit der der Mond auf der Erde Ebbe und Flut hervorruft. Hier wird diese Gravitation so stark, dass sie die schier unendlich dicht gepackte Materieansammlung aufzureißen vermag. Die Materie steht unter extrem starkem Druck und durch Gezeitenkräfte beider Materieansammlungen kann sie sich explosionsartig befreien ($E = m c^2$).

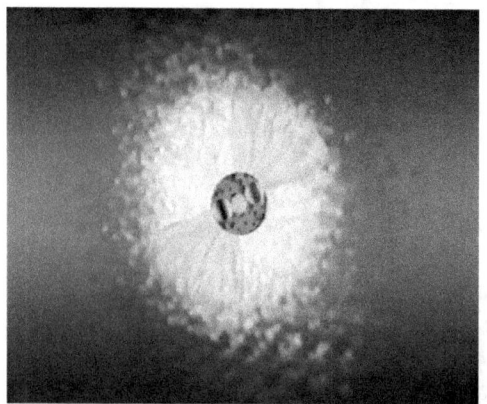

Ein Gemenge von Energie und Materie schießt in den Raum bis weit über den Rand der alten Galaxie hinaus.

Dort kühlt die alte Materie ab und die Energie gerinnt zu neuer Materie. Eine riesige Wolke aus Gas und Staub umhüllt für Millionen Jahre die Galaxie.

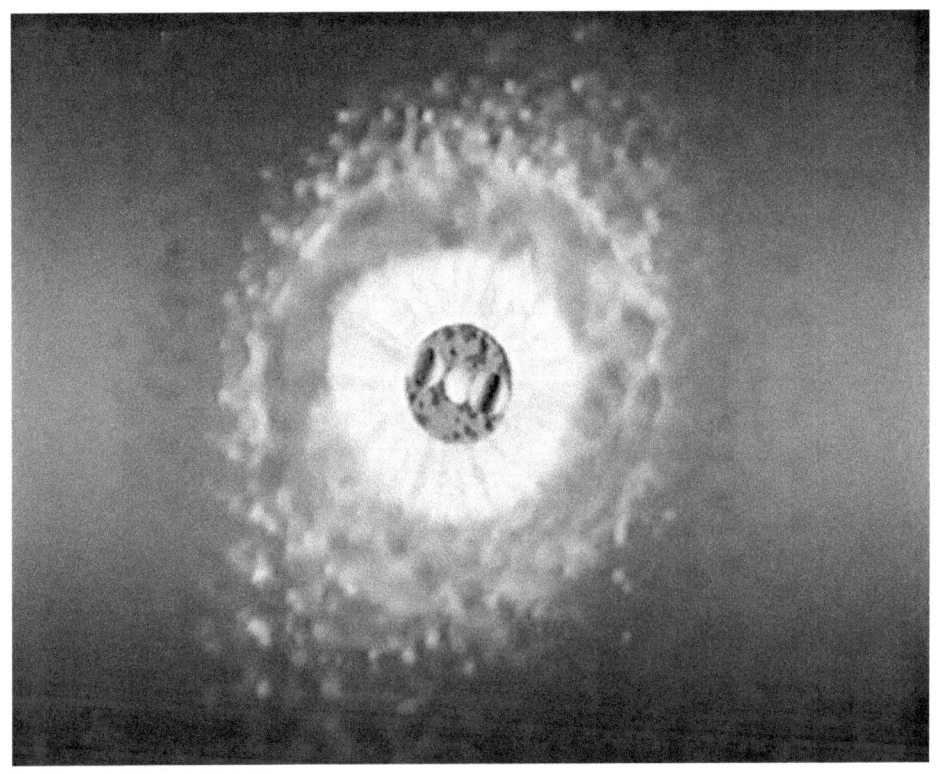

Jetzt ein Schnitt durch sie, und dasselbe von der Seite, aus der Richtung des Pfeils gesehen.

Wieder beginnen durch die Einwirkung der Gezeitenkräfte die beiden Materieballungen (Schwarze Löcher) aufzureißen.

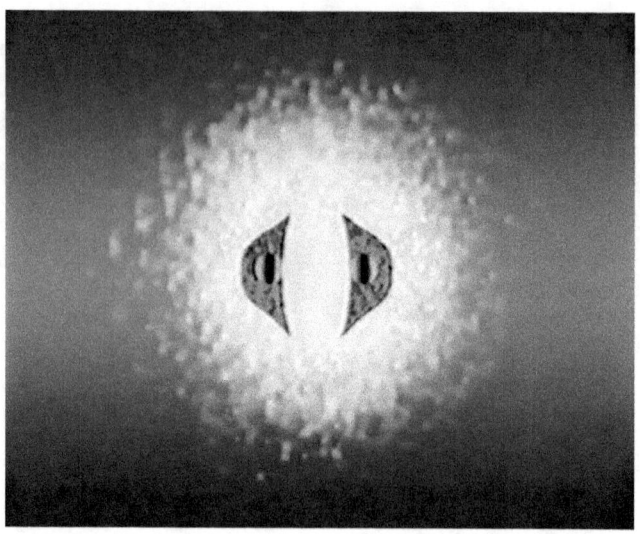

Wieder schießen Materie und Energie in den Raum hinaus und bilden eine Wolke.

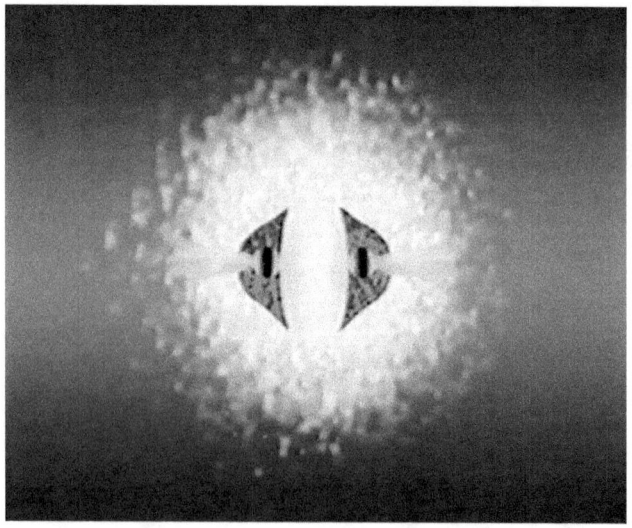

Auch zwischen den beiden Materieballungen (Schwarze Löcher): eine gewaltige Konzentration von Materie und Energie. In dem Zentrum steigt dadurch der Druck und es bilden sich zwei weitere kleinere Materieballungen. Der Druck wird zum Überdruck. Das Zentrum explodiert.

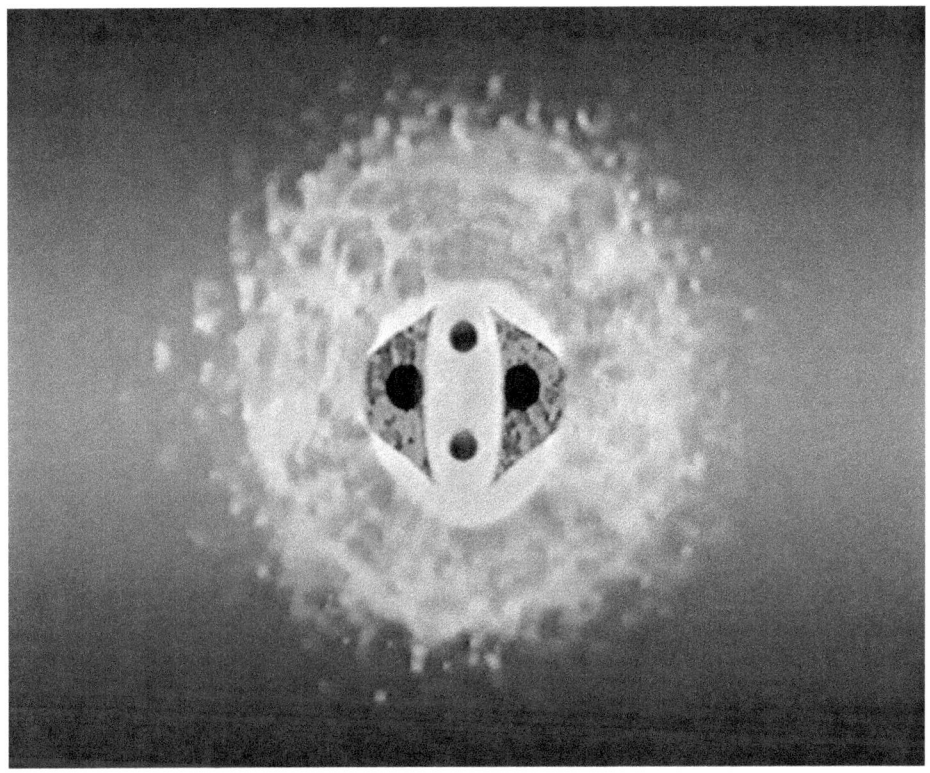

Die beiden kleineren Materieansammlungen werden – wie Pfropfen aus einem Rohr mit zu hohem Druck darin – in die gegenseitigen Richtungen herausgeschossen.

Die enorme Beschleunigung, der sie dabei ausgesetzt sind, lässt sie aufreißen und wie Raketen lassen sie einen Strahl aus Energie und Materie hinter sich.

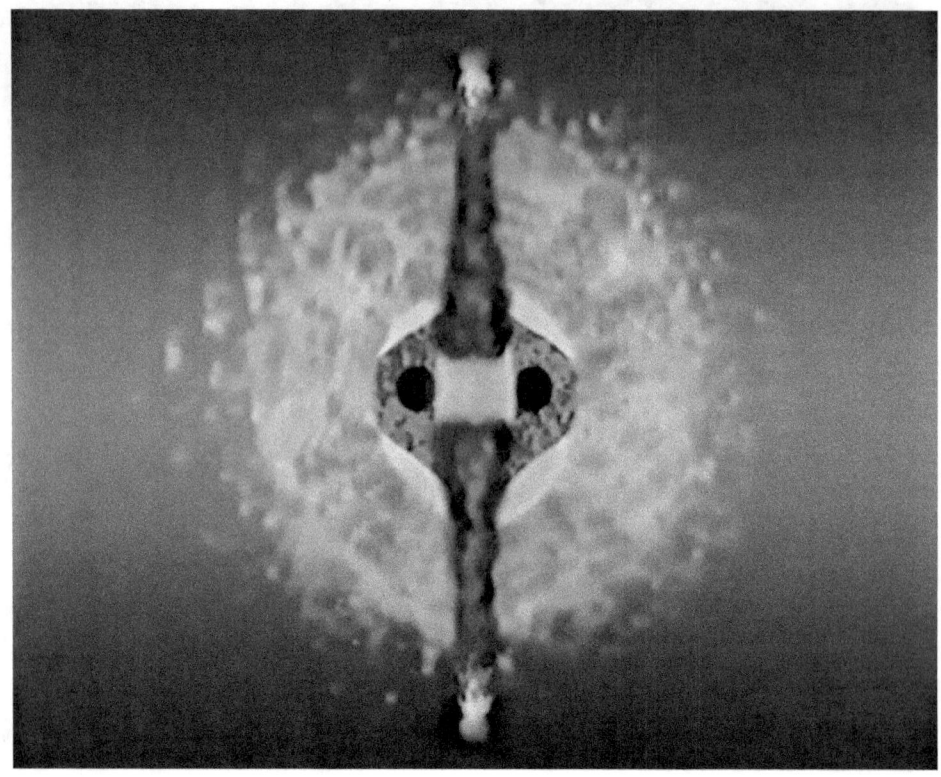

Ende des 1. Teils

Danach Dr. Rost: „Herr Wolter, Sie stellen ja nicht nur die Urknall-Theorie in Frage, die Astrophysiker sind auch der Meinung, dass schwarze Löcher etwas Endgültiges sind. Endgültige Materiegräber. Es ist ja unheimlich dichte, gepackte Materie, das kann man sich gar nicht vorstellen! Sie lassen sie aufbrechen. Wie kann **das** geschehen?"

Wolter: „Das ist einfach zu sagen:

1. Wenn Albert Einstein Recht hatte, dass das Universum im Gleichgewicht ist, dann müssen die schwarzen Löcher (Materieballungen) aufbrechen können. Und das will ich zeigen, dass das geht. Denn nur **dann** kann das Universum im Gleichgewicht sein, wie Albert Einstein gesagt hat, wenn sie aufbrechen. Ich würde also sagen: Bisher hat man gesagt, alles fliegt auseinander. Das ist nicht richtig! Man hat das beweisen wollen mit dem Urknall und – eine heilige Kuh – man hat gesagt, es wäre die Rotverschiebung, mit der man das Universum auseinandertreiben sehen würde.
2. Aber, Einstein hatte Recht, das Universum ist im Gleichgewicht, einen Big-Bang, einen Urknall hat es nicht gegeben.
3. Das Universum expandiert nicht.
4. Der Quasar und „die heilige Kuh", die Rotverschiebung ist bisher falsch erklärt worden.
5. Das Universum ist im Gleichgewicht, d. h., es ist unendlich und es bleibt auch unendlich. So, wie es quasi jeder von Ihnen, der hier zuhört, schon vorher gewusst hat und damit **das** bestätigen würde, was Albert Einstein gesagt hat.
6. Es gibt ein Werden und Vergehen, auch im Universum, genau wie auf der Erde auch.
7. Das schwarze Loch ist kein endgültiges Materiegrab. Sie haben mich danach gefragt, Herr Rost.
8. Ein Schweif eines Kometen ist nicht durch den Sonnenwind nach „hinten" (weg von der Sonne) gedrückt worden.
9. Der Nachthimmel „Olbers Paradox", das sollte man „Olbers Logik" nennen, der ist deshalb schwarz, weil dunkles Gas und Staub, was u. a. aus schwarzen Löchern (Materieballungen) entstanden ist, diesen Nachthimmel dunkel erscheinen lässt.
10. Eine Spiralgalaxie, wie wir sie hier sehen, wurde bisher gesagt, sie wirbelt zusammen aus Gas und Staub, also durch Gravitation. Ich sage um 180° anders. Sie entsteht durch eine Explosion.
11. Und diese Explosion, dieser – von mir so benannte – „Little Bang" im Zentrum einer Galaxie, das ist die Gegenkraft nach der Albert Einstein suchte, die er nicht fand. Er sagte „Kosmologische Konstante" dazu und widerrief diese später als „größte Ese-

lei". Damals konnte man diese Explosion noch nicht nachweisen, heute kann man sie Gott sei Dank nachweisen und
12. Die sog. „große Mauer" (von Prof. Margret Geller und Prof. John Huchra entdeckt), das ist eine Ansammlung von Milliarden solcher Galaxien. Das ist der Beweis, dass Albert Einstein Recht hatte und die 2,7-K-Strahlung, die völlig gleichmäßig ist zu 99,99999 %, die beweist ebenfalls, dass Albert Einstein Recht hatte."

Dr. Rost: „Und über das Eine oder Andere wollen wir noch zu sprechen kommen. Aber jetzt erklären Sie uns mal, wie die schwarzen Löcher aufbrechen können – nach Ihrer Meinung –."

Wolter: „Ein einzelnes schwarzes Loch (Materieballung) kann nicht aufbrechen. Da haben die Kosmologen ganz Recht. Aber wenn zwei umeinander wirbeln, muss diese starke Gravitation sie aufbrechen lassen.

Und dabei entstehen gewaltige Flutberge, so wie sie im Miniformat auch zwischen Sonne und Erde und Mond entstehen. Und hier reißt die verdichtete Materie auf. Durch Gezeitenkräfte gibt es eine Aufhebung des Gravitationsdruckes. Dort kann sich die Materie explosionsartig aus diesen Gravitationsfesseln (Materiegrab, wie Sie sagen) befreien. Und das ist das, was Albert Einstein suchte!"

Dr. Rost: „Und aus dieser Explosion entstehen ja Ihrer Meinung nach die Galaxien, die Spiralgalaxien. Wie das geschieht, wollen wir uns ganz kurz mal in einem Trickfilm anschauen!"
Wolter: „Ja wohl!"

2. Teil des Films:
Die Zentrale Explosion treibt die beiden großen schwarzen Löcher (große Materieballungen) auseinander und durch ihren Drehimpuls lassen sie auf spiralförmigen Bahnen Gas- und Materie-Schleppen hinter sich zurück.

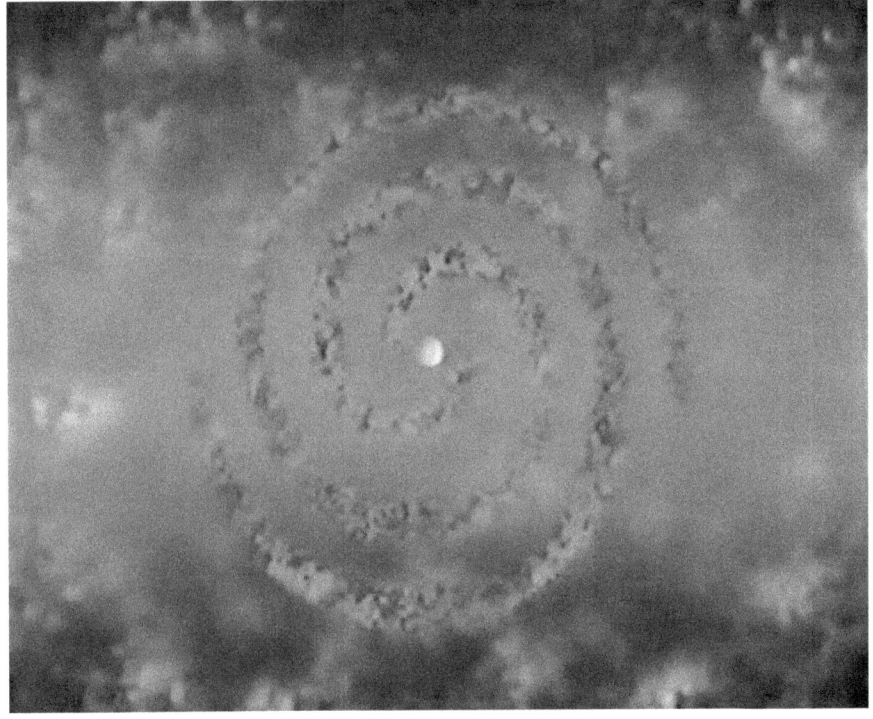

Wie Raketenstrahlen bewegen die sich in die entgegen gesetzte Richtung der schwarzen Löcher. Darum dreht sich auch die ganze Galaxie so.

Aus der Drehachse schießen die beiden kleinen schwarzen Löcher (kleinere Materieballungen) heraus. Von ihnen sind nur die Abgasstrahlen zu sehen, und das sind die Quasare.

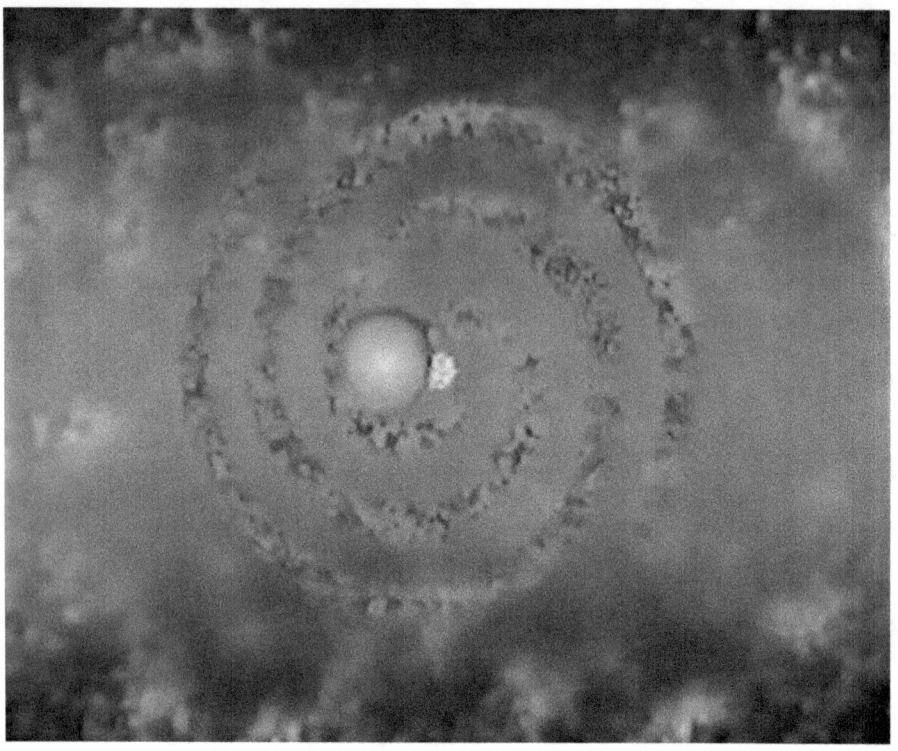

In der Galaxie ballt sich die Materie in Millionen Jahren zu Milliarden neuer Sonnen zusammen, die schließlich zu leuchten beginnen.

Aus einer alten, abgestorbenen Galaxie ist eine neue geworden. Für unsere Augen scheinbar stillstehend, stellt sie sich als solch filigranes Gebilde dar.

Ende des 2. Filmteiles.

Danach Dr. Rost: „Eine Theorie, Herr Wolter, ist immer nur so viel wert, solange nicht das Gegenteil bewiesen wird. Nun haben Sie für Ihre Theorie doch wohl einige Beweise und wir haben hier einige Bilder vorbereitet. Bilder aus dem Weltall und ich bitte Sie doch mal zu erklären; wie Sie Ihre Theorie mit diesen Bildern in Einklang bringen."

Wolter: „Ja sehen Sie, das ist eine Galaxie. Diese Struktur konnte man bisher nicht erklären.

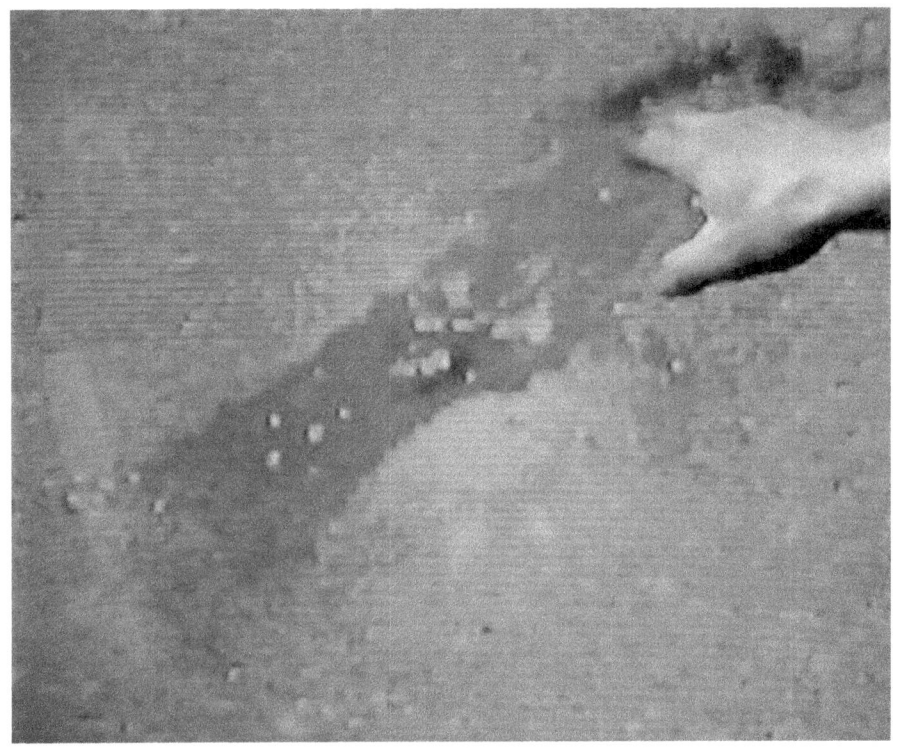

Z. B. unsere Sonne ist ein Pünktchen, ein Mehlstäubchen ganz am Rande. Unsere Erde, unser Mond sind überhaupt nicht in dieser großen Entfernung zu erkennen."

Dr. Rost: „Das dreht sich doch in diese Richtung!"

Wolter: „Ja, das dreht sich in diese Richtung. Das war meine Erkenntnis, dass eben zwei schwarze Löcher (Materieballungen) umeinander kreisen. Es kommt zu einer Implosion Explosion, die beiden schwarzen Löcher werden dadurch nach außen gerissen und Sie sehen hier dieselbe Struktur in der Galaxie, wie ich sie mit meinen beiden Fäusten mache: Sehen Sie diese Struktur?

Bisher hat man aber gesagt, die Galaxien wirbeln aus Gas und Staub zusammen. Ich sage aber: Die Galaxie explodiert, das ist die Figur der Spiral-Galaxie. Und dass das stimmt, dass das so entstanden ist, wie ich sage, das erkennen Sie daran, dass ein schwarzes Loch hier durch die Nachbar-Galaxie gesaust ist und Sie sehen, wie es wie ein Schneepflug durch diese Galaxie hier durchgerast ist. Und das zeigt ganz eindeutig, dass diese Galaxie nach einer Explosion entstanden ist."

Dr. Rost: „Gut, nehmen wir mal das nächste!"

Wolter: „Ja, das nächste. Hier sehen Sie eine Galaxie von der Seite.

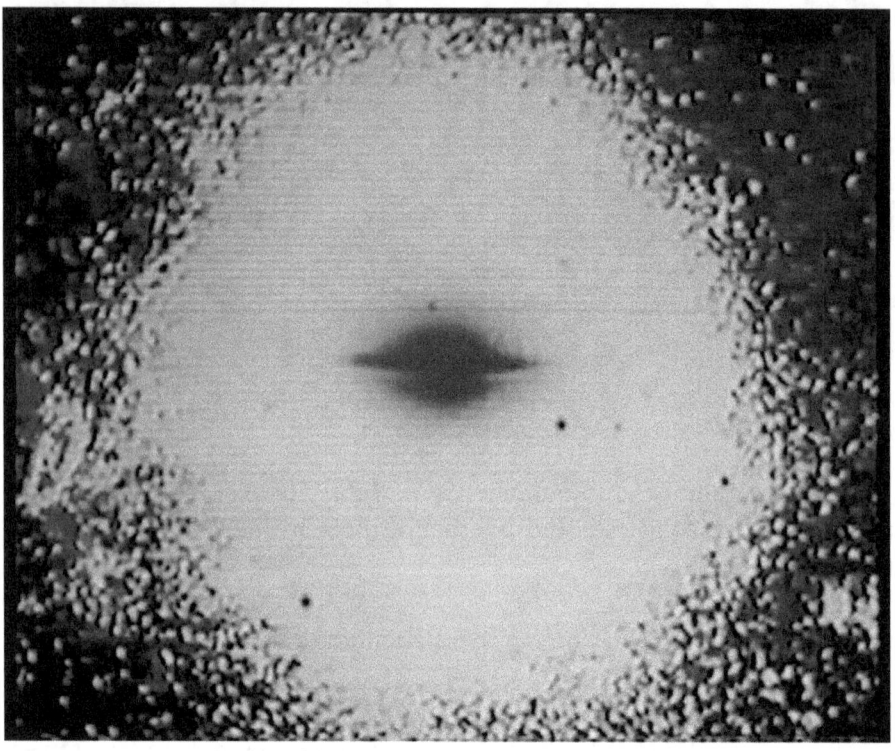

Sie sieht aus wie eine flache Scheibe. Wenn wir sie von unten sehen würden oder von oben, würden wir die Spiralen erkennen. Das sehen wir hier aber nicht. Wir erkennen aber hier was ganz Tolles. Das ist die Materie der alten Mutter-Galaxie, aus der sie explosionsartig entstanden ist.

Sie sehen, wie sie hier im Zentrum der alten Mutter-Galaxie entsteht und die ganze Materie nach außen treibt. Das war die alte, das war die Mutter-Galaxie!"

Dr. Rost: „Ihre Meinung ist also, es gibt ständig so Art kleine Urknalls in jeder Galaxie, aber jeder für sich?"

Wolter: „Little-Bangs, jawohl! Nicht den Big-Bang, sondern lauter Little-Bangs. Das ist diese Kraft, nach der Albert Einstein suchte!"
Dr. Rost: „So, jetzt gehen wir mal weiter!"

Wolter: „Nächstes: Dasselbe sehen Sie jetzt hier. Das ist dieselbe, was Sie eben als kleines schwarzes Ding gesehen haben, jetzt in Großaufnahme.

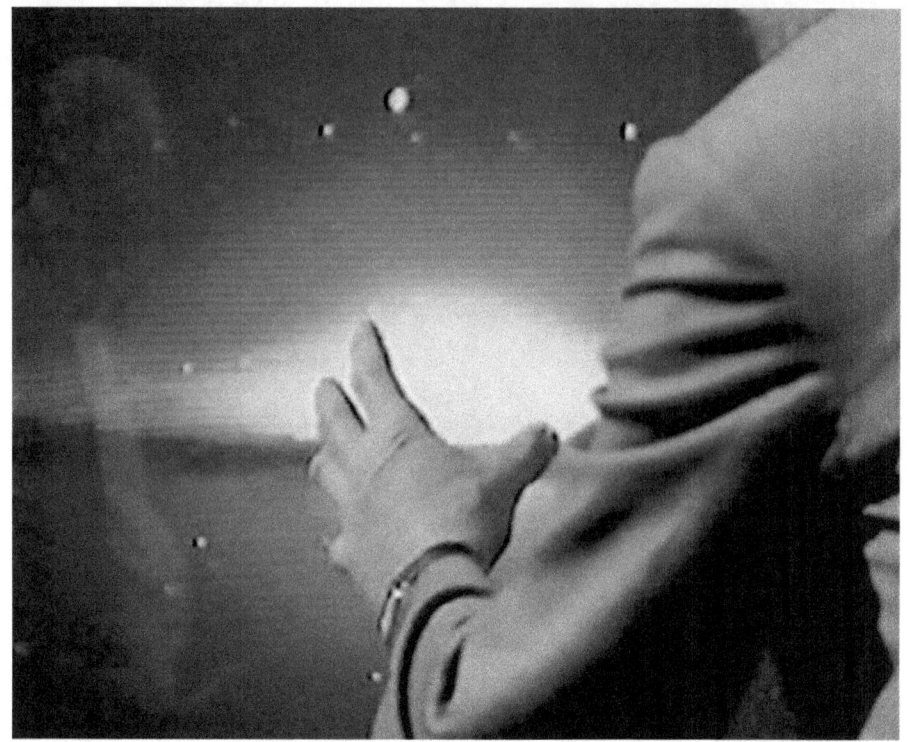

Hier ringsherum also die Materie der Mutter-Galaxie, die explosionsartig nach außen getrieben ist. Die sehen wir hier nicht, weil alles konzentriert ist auf die kleine schwarze Galaxie.
Und das hier wird die Scheibe. Wenn man die von oben oder unten sehen würde, würde man die Spiralen erkennen."

Dr. Rost: „Nehmen wir mal das nächste!"

Wolter: „Nächste: Hier sehen wir, wie auch wieder eine Galaxie entsteht. Wir sehen die Scheibe!

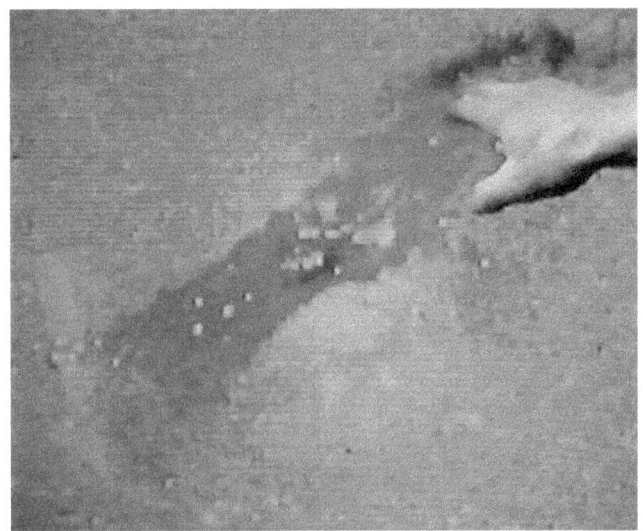

Wenn wir sie von oben oder unten sehen würden, würde man die Spiralen sehen. Hier sehen Sie die neuen blauen Sonnen.
Jedes Pünktchen hier, jedes Stäubchen ist eine große neue Sonne, wie unsere Sonne.

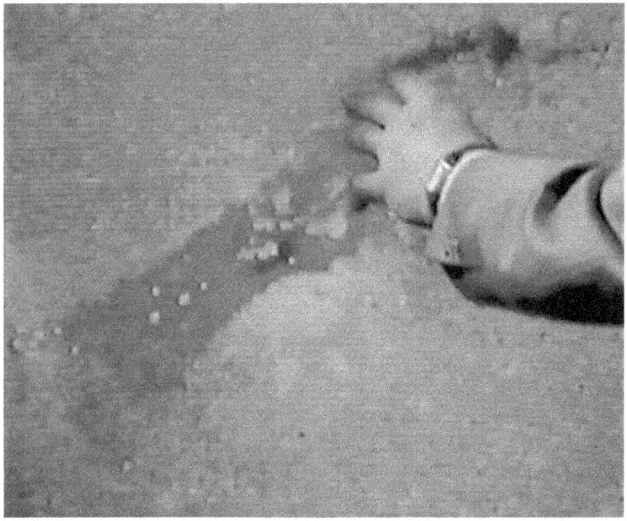

Sie sehen, wie also diese neuen Sonnen in dieser Gas- und Staubbahn entstehen. Dies ist die neue Materie, die aus der Energie „ausgeflockt" ist.
Wie ich sagte: Werden und Vergehen im Weltraum. Hier entstehen die neuen Sonnen, die diese Spiralbahnen der Galaxie – anfangs unsichtbar - später beleuchten. Die Bahnen können Sie also nur sehen, wenn sie von Sonnen beleuchtet sind."

Dr. Rost: „Nehmen wir mal das nächste!"

Wolter: „Da sehen wir genau dasselbe noch mal. Hier die neuen Sonnen in der schwarzen Bahn. Die schwarze Bahn ist nur vor dem Hintergrund zu sehen. Hier, wo die Bahn weitergeht und hier, wo sie weitergeht, sehen wir überhaupt nichts. Wir sehen sie erst dann, wenn neue Sonnen in dieser neuen Materie entstanden sind."

Dr. Rost: „Weiter!"
Wolter: „Hier dasselbe in einer anderen Aufnahme, genau dasselbe Bild von derselben Galaxie. Hier die neue Scheibe und hier das, was von der alten Muttergalaxie bei der Explosion nach außen getrieben worden ist. Das sehen Sie hier. Und hier sehen wir nichts, und da sehen wir auch nichts, das sehen wir erst dann, wenn neue Sonnen in dieser dunklen Materie entstanden sind."

Dr. Rost: „Weiter:"

Wolter: „Hier unsere Nachbargalaxie. Wir sehen sogar, wie herum sie sich dreht.

Das Blaue kommt auf uns zu, das Rote geht von uns weg. Und hier in dem Roten sehen wir die blauen Pünktchen, das ist also er Beweis, dass die Teile des schwarzen Loches (Materieballung) auf uns **zu** kommen.

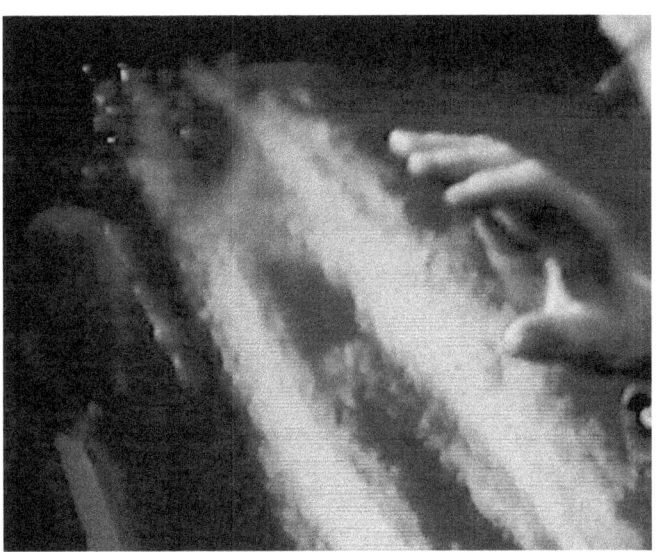

Das sehen wir an den grün-blauen hier und die neue Materie wird in die rückwärtige Richtung getrieben. Hier genau das Gegenteil. Hier fliegen die Reste der alten Materieballung – rote Pünktchen - von uns weg und drücken das Gas und Staub zu uns her."

Dr. Rost: „Ja, Herr Wolter, und jetzt noch ein Wort zu den Quasaren! Im Trickfilm ist das ja schon ganz kurz angeklungen. Wenn ich das richtig verstanden habe, bewegt sich also das schwarze Loch hier aus der Mitte heraus, so, und wir sehen nur den Strahl des schwarzen Loches nach hinten und das ist für uns der Quasar.

Aber Sie wollen auch noch dazu etwas sagen."

Wolter: „Ja, dann bitte das nächste Bild.

Und das ist dieser, der beste erforschte Quasar 3 C 273. Wir erkennen sogar hier vorne ein Pünktchen. Das ist das schwarze Loch (Materieballung), das direkt in unsere Richtung schießt. Nur im Radiolicht zu erkennen.

Wir sehen ein rot-verschobenes Licht, weil der raketenartige Strahl des Quasars in die rückwärtige Richtung schießt.

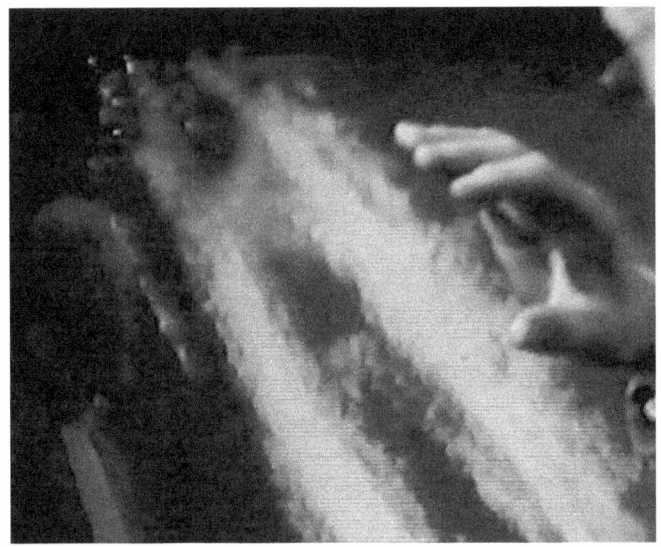

Dies ist sein Gegenpartner, dessen Raketenstrahl in unsere Richtung schießt.

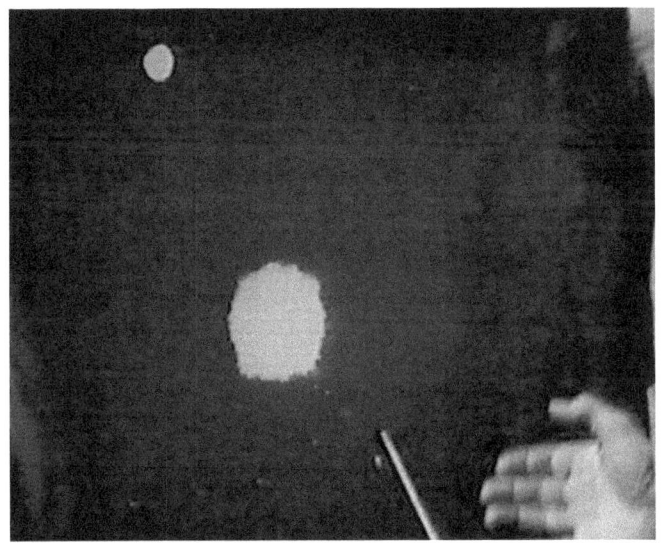

Sein Licht, sein Raketenstrahl würden wir blau-verschoben sehen, wenn es nicht verdeckt wäre von dunklem Gas und Staub, das hinter diesem Raketenstrahl entsteht.
Es ist verdeckt, deshalb sehen wir nur rot-verschobenes Licht.
Und das haben die Wissenschaftler zum Anlass genommen, zu sagen, das ganze Universum fliegt mit Lichtgeschwindigkeit auseinander, weil man nur dies rot-verschobene Licht sieht.
Hier sehen wir dasselbe noch mal. Dies ist der Quasar, der auf uns zukommt, rot-verschoben.

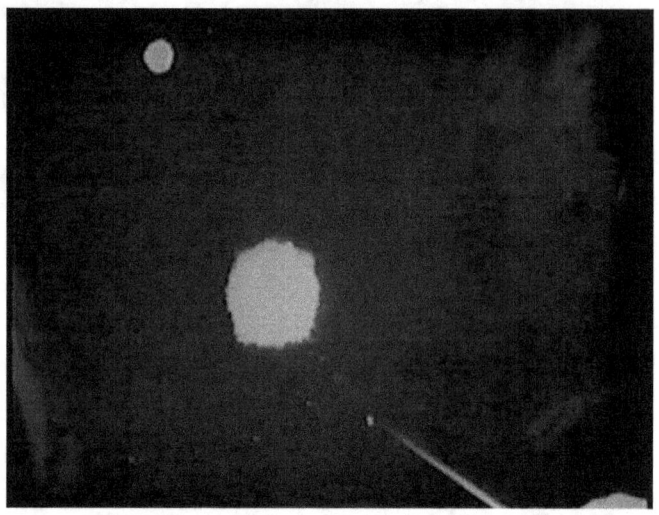

Das andere wäre, wenn wir es im optischen Licht sehen würden – das aber ist Radiolicht -, blau-verschobenes Licht. Wir sehen es aber nicht, weil es eben von dunklem Gas und Staub verdeckt ist.
Hier im Zentrum ist die Mutter-Galaxie – unsichtbar -. Ich habe sie auf dem anderen Bild gezeigt. Es ist dasselbe Bild wie von dem anderen auch, der Quasar 3 C 273."

Dr. Rost: „Nach der herrschenden Meinung sind ja die Quasare unendlich – schier unendlich – weit weg. Für Sie sind sie in normaler Galaxien-Entfernung."

Wolter: „Genau, in normaler Entfernung. Hier der fliegt direkt auf uns zu, das schwarze Loch unsichtbar, der Strahl in die rückwärtige Richtung, deshalb rot-verschoben."

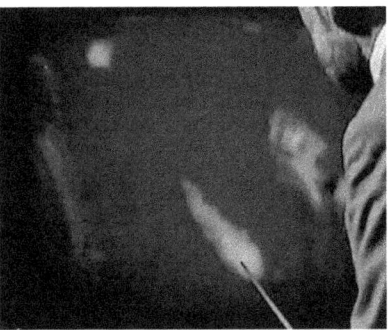

Dr. Rost: „Herr Wolter, warum haben Sie Ihre Theorie nicht mal in einer Fachzeitschrift veröffentlicht?"

Wolter: „Man hat gesagt zu mir: So falsch kann unsere bisherige Theorie gar nicht sein, dass Sie Recht haben können. Deshalb habe ich das im Selbstverlag gemacht das Buch und das können Sie bei mir kaufen. Ich heiße Hans Ulrich Wolter und wohne in Zweibrücken."

Dr. Rost: „Ja, gut, wer es bestellen will, der soll uns schreiben."

Wolter: „Ich mache auch Seminare und da kann jeder dies schwierige Thema bei mir lernen wie er will."

Dr. Rost: „Okay, ich bedanke mich vielmals, besonders, weil Sie uns so lebendig Ihre Theorie erklärt haben. Ich hoffe, bei den Zuschauern ist davon auch einiges angekommen!"

Wolter: „Viel zu kurz, um ausführlicher auf die Details eingehen zu können!"
Dr. Rost ist etwas irritiert, zuckt die Schultern und meint dazu: „Ja, das ist leider unser Problem!"
Ende des Videos.

4. Was sagen andere namhafte Wissenschaftler?

Während die Video-Kassette lief, war ich mucksmäuschenstill. Denn ich wollte nicht durch Fragen stören. Auch musste ich mich konzentrieren und alles wurde so schnell, viel zu schnell präsentiert, da nur eine bestimmte Sendezeit zugebilligt worden war.
Fragen konnte ich ja im Nachhinein stellen. Ich musste dieses revolutionierend Neue erst einmal „verdauen". Den anderen Zuschauern, die Wolters Sendung in „Sonde-Technik-Wissenschaft" gesehen hatten, wird es wohl ähnlich ergangen sein.
Tausend Gedanken schossen mir durch den Kopf:

Entstehung aus dem Nichts? Vergehen zu Nichts?
Damals (1991), als H. U. Wolter sein Modell vorstellte, war die Urknall-Theorie noch nicht so umstritten, wie das heute der Fall ist. Obwohl – wie auch Dr. Peter Rost sagte –, es schon von Anfang an Wissenschaftler gab (siehe auch Albert Einstein), die sich nicht mit ihr „anfreunden" konnten.
Es war mir klar, dass das Wolter-Modell im krassen Gegensatz zur Urknall-Theorie steht. Und zwar deshalb, weil Wolter von einem ewigen, unendlichen Universum ausgeht. Ewig und unendlich, wie viele sich auch einen Schöpfer vorstellen.

Bis zum Jahre 1927 – wurde das gigantische Universum – auch von der gesamten Christenheit selbstverständlich als unendlich und ewig angesehen.

Dann aber, als Lemaitres „Idee vom großen Knall" übernommen wird, soll sich infolge der angeblich immer schneller werdenden Ausdehnung das Universum wieder zu „Nichts" auflösen! Ja so schnell ändern sich die Zeiten!

„Na, **das** sind ja schöne Aussichten!", denke ich, „alles soll sich auflösen!"
„Und das entgegen dem Energie- und Materie-Erhaltungsgesetz!?"

Es würde mich interessieren, wie die Kirchen und Religionen der Erde über die „Auflösung des Universums zu Nichts" denken. Hatte eigentlich der Begründer der Urknall-Theorie, George Lemaitre die spätere Auflösung des Universums vorhergesagt?
Dass ausgerechnet ein Pater das ewige und unendliche All nicht mehr gelten lassen will, erscheint mir höchst seltsam.

Ich frage den Meister Bauer nach seiner Meinung.
Seine Antwort: „Die Religionen und Wissenschaftler der östlichen Länder würden natürlich sehr gerne der christlichen Kirche und dem christlichen westlichen Abendland nachweisen, dass diese sich in fundamentaler Weise geirrt und dass sie sich von der reinen Wissenschaft entfernt hätten!

Aus wissenschaftlicher Sicht ist es nach physikalischen Gesetzen **nicht** möglich und **nicht** zulässig, dass „Etwas aus dem Nichts" entsteht bzw. dass sich „Etwas einfach zu Nichts" auflöst." So weit Wolter.

Ich denke, ich muss herausfinden, was andere namhafte Wissenschaftler sagen und schaue nach im Internet.

2009 Gesellschaft zur Förderung der wissenschaftlichen Physik e.V. - GFWP

Auszüge aus „Stimmen zur Relativitätstheorie":

„Haben Sie gewusst, dass die als bestbewiesene hochgejubelte Relativitätstheorie von Albert Einstein seit über 100 Jahren weltweit stark umstritten und kritisiert wird? Gehören Sie zu den Millionen von Menschen, die diese Theorie nicht verstehen können?

Wir möchten Sie die unzähligen, unterdrückten Stimmen zur Relativitätstheorie hören lassen, einschließlich der selbstkritischen Stimme Albert Einsteins:

„Seit die Mathematiker über die Relativitätstheorie hergefallen sind, verstehe ich sie selbst nicht mehr."

Albert Einstein, Nobelpreisträger

„Mathematik ist die perfekte Methode, sich selbst an der Nase herum zu führen."
Albert Einstein, Nobelpreisträger

„Die Relativitätstheorie? Unsinn! Für unsere Arbeit ist sie nicht nötig!"
Ernest Rutherford, Nobelpreisträger

„Die größte Mystifizierung in der Geschichte der Wissenschaft: Die Relativitätstheorie!"
Maurice Allais, Nobelpreisträger

„Ehe ich das Zeug [die Relativitätstheorie] glaube, glaube ich lieber, dass ich falsch beobachtet habe!"
Albert Abraham Michelson, Nobelpreisträger

„Mir will es nicht in den Kopf hinein, dass man so ganz abstrakte Betrachtungen und Begriffe brauchen muss, um Naturerscheinungen zu verstehen."
Wilhelm Conrad Röntgen, Nobelpreisträger

„Sie stellen es sich so vor, dass ich mit stiller Befriedigung auf ein Lebenswerk zurückschaue. Aber es ist ganz anders von der Nähe gesehen. Da ist kein einziger Begriff, von dem ich überzeugt wäre, dass er standhalten wird, und ich fühle mich unsicher, ob ich überhaupt auf dem rechten Wege bin."
Albert Einstein, Nobelpreisträger in einem Brief an den franz. Kollegen Solovine.

Einstein nannte die neuen Erkenntnisse des Jesuitenpaters Lemaitre: „Physique de curé". Siehe hierzu das bedeutende Werk von Physiker

Prof. Josef Silk, Universität Oxford: „Das fast unendliche Universum", in dem er auf Seite 264 Albert Einstein – wie vorgenannt – zitiert!

Einstein erklärte, auch auf die Aussagen Newtons gestützt:
„Denn jeder Prozess, der das Universum oder die Galaxien wesentlich verändern oder zerstören könnte, sei es durch die Expansion des Universums oder sei es durch die Gravitation, die in Richtung „unendliche Konzentration" (schwarzes Loch) wirken würde, hätte die Veränderung – ganz gleich wie langsam – bereits vollbracht. Jedoch das Universum und die Galaxien existieren nach wie vor in ihrer grandiosen erkennbaren Schönheit." Zitat Ende.

„Spektrum der Wissenschaft" vom April 2006 auf S. 48. Hier wird Einstein zitiert:
„Dann bleibt nichts von meinem ganzen Luftschloss, einschließlich der Theorie der Gravitation, aber auch nichts vom Rest der modernen Physik!" Zitat Ende.

Zitate aus: Über die Aneignung von Einsteins Theorien von Peter Zaun, dradio.de v. 13.04.05:
Samuel Ting: „Ist die Theorie auch noch so schön und elegant, wenn sie nicht durchs Experiment bestätigt wird, ist sie ohne Bedeutung!" Zitat Ende.

Wolter sagt dazu:
„Viele physikalische Theorien sind nicht durch Experimente und Beobachtungen bestätigt!"

Einstein ist wohl der erste große Wissenschaftler, der bereit war, seine Erkenntnisse in Frage zu stellen bzw. zu widerrufen.
Es ist gewiss nicht seine Schuld, dass die wissenschaftliche Gemeinschaft nicht mehr auf ihn – den großen Alten – hören wollte, so dass er ihnen am Schluss wohl nur noch die Zunge herausstrecken konnte.

Der deutsche Physiker und Kosmologe Prof. M. Bojowald ist führend bei der Erforschung des Universums!

U. a. schreibt er in „Spektrum der Wissenschaft" (Scientific american) in der Ausgabe vom Mai 2009, Seite 26 bis 32":
„Viele Forscher zweifeln, ob die Idee einer atomar strukturierten Raumzeit überhaupt wissenschaftlich genannt werden darf!"
Weiter Bojowald: „Die unendlichen Werte zeigen an, dass hier die Allgemeine Relativitätstheorie selbst zusammenbricht!"
Weiter Bojowald: „Der Vorgang „Big Bounce" sieht wie ein Anfang aus, folgt aber eigentlich aus einem vorhergehenden Zustand!" So weit Bojowald.
Im April 2009 erklärte Prof. Bojowald anlässlich einer Diskussion mit Dr. Gerd Scobel im Fernsehen 3sat: „Nach mathematischen und physikalischen Gesetzen ist die Entstehung von „Etwas" aus dem Nichts nicht denkbar!" So weit Bojowald.

Aus „Wissenschaft und Kritik" – Astronomie vom 06.03.2005 (Wolfgang Neuendorf):
Der wohl bedeutendste Philosoph Sir Karl Popper (1902 bis 1994) erklärt:
„Ein Beispiel für eine physikalische Ideologie ist der Big-Bang, der Urknall.
Fast jeder, vor allem fast jeder Physiker glaubt daran, und es spricht doch sehr viel gegen diese Hypothese.
Das, was einmal dafür gesprochen hat, ist längst verschwunden. In den frühen 20-er Jahren sprach dafür, dass die Theorie 1. ungeheuer einfach war und dass sie 2. alles erklären konnte, was man damals gewusst hat und gerne erklären wollte. – Die Hypothese von dem sich ausdehnenden Universum - .
Heute ist das nicht mehr der Fall. Die Theorie vom Urknall kann nichts – oder fast nichts mehr – erklären, und auch das nur mit den kompliziertesten Hilfshypothesen."
So weit Sir Popper.

Was sagte Isaak Newton über das Universum?
Isaak Newton schrieb im Jahre 1692 an seinen Freund und Wissenschaftler R. Bentley: **„Wenn sich das Weltall als Ganzes ausdehnen oder zusammenziehen würde, müsste es ein Zentrum der Bewegung geben. Aber gleichmäßig, in einem <u>unendlichen</u> Raum verteilte Materie**

besitzt kein Zentrum. Daher muss das Weltall statisch – also im Gleichgewicht – sein!"
Newton weiter: „Die Stärke des Arguments liegt darin, dass, wenn das Weltall irgendwo begrenzt wäre, so würden sich die äußersten Körper, weil sie keine äußeren Körper haben, zu welchen hin sie schwer sind (Gravitation), nicht im Gleichgewicht befinden, sondern durch ihre eigene Schwere (Schwerkraft) zu den inneren Körpern hinstreben und hätten sich dadurch, dass sie seit ewiger Zeit von überall her zusammenströmen, schon längst in der Mitte des Ganzen angelagert!" Zitat Ende.
Wolter: „Diese Aussage ist ein schwerwiegendes Argument gegen die Urknall-Theorie = Standard-Modell. Und ebenso ein starkes Argument für ein ewiges All!"

Newton schrieb in seinem Spätwerk „Optics": „Die Bewegungsenergie der Himmelskörper geht viel leichter verloren, als sie neu gewonnen werden kann! Schließlich ist ein <u>Schöpfer-Impuls</u> vonnöten, um den Himmelskörpern neue Bewegungsenergie zu vermitteln!" So weit Newton.

ZEIT, 45/1997 (von Heinz Horeis) Auszüge aus: „Alles Urknallköpfe" Halton C. Arp kritisiert das astronomische Establishment:
„Standhaftigkeit oder Starrsinn? Beides kann eng beieinander liegen, wenn ein Mensch seit drei Jahrzehnten gegen die Mehrheitsmeinung andenkt. So lange nervt der amerikanische Astronom Halton "Chip" Arp nun schon seine Kollegen mit Beobachtungen, die nicht ins gängige Modell des Urknalls passen. "In den sechziger Jahren zählte Arp zu den ersten zwanzig der Weltrangliste", benutzt sein Kollege Geoffrey Burbidge einen Vergleich mit der Tenniswelt, "dann fiel er plötzlich aus der Wertung heraus."
Arps jäher Sturz geht auf seine ketzerischen Behauptungen zur Rotverschiebung zurück. Diese spektrale Verschiebung des Lichtes weit entfernter Sterne wird seit Anfang dieses Jahrhunderts als Maß für die Geschwindigkeit himmlischer Objekte angesehen. Bislang gilt als unumstößliche Wahrheit: Je stärker das Licht stellarer Objekte zum roten Ende des Spektrums verschoben ist, umso schneller bewegen sie sich fort.

Als Edwin Hubble in den zwanziger Jahren feststellte, dass die kosmische Geschwindigkeit proportional zur Entfernung steigt, wurde die Urknall-Theorie geboren. Und seither gilt die Rotverschiebung einer Galaxie als Maß für ihre Entfernung.

Anfang der sechziger Jahre entdeckten Astronomen allerdings seltsame Objekte am Himmel, die "quasi stellaren Quellen", die eine schockierend hohe Rotverschiebung aufwiesen, vier- bis fünfmal stärker als bis dahin beobachtet. Diese "Quasare" wurden daher als extrem weit entfernte Gebilde gedeutet. Als Halton Arp jedoch in den sechziger Jahren begann, seltsame Galaxientypen zu katalogisieren, fiel ihm auf, dass sich Quasare auffallend oft in der Nähe von Galaxien befanden. Lag hier etwa ein Zusammenhang vor?

Arp begann eine systematische Suche und gewann immer mehr die Überzeugung, dass die angeblich so weit entfernten Objekte tatsächlich in unmittelbarer Nähe zu den viel näheren Galaxien liegen. Da die Quasare eine erhebliche größere Rotverschiebung als Galaxien aufwiesen, verletzte Arps Schlussfolgerung die gängige Beziehung zwischen Entfernung und Rotverschiebung.

Viele Astronomen taten Arps "Paarbildungen" als Zufall ab. Der wehrte sich mit den Waffen der Statistik.

Drei Jahre lang durchsuchte er einen willkürlich gewählten Ausschnitt des Himmels nach weiteren Paaren.

Unter 34 Galaxien entdeckte er 13 mit benachbarten Quasaren. Die Wahrscheinlichkeit, dass dieses enge Miteinander auf einem Zufall beruhte, lag in jedem einzelnen Fall bei rund 1 zu 100. Berechnet auf die gesamte Stichprobe, war sie verschwindend gering.

Überzeugen ließen sich Arps Kollegen nicht. "Es war frustrierend", erinnert sich der heute 72jährige Astronom. "Brachte ich ein einzelnes Beispiel, hieß es: „Sehr schön, aber ein Fall ist zu wenig." Also brachte ich weitere Paare.

Nun hieß es, dass man nur einer umfassenden statistischen Untersuchung glauben könnte. Als ich dann die Analyse hatte, war die Antwort: „Wer glaubt schon einer Statistik!"

Arp suchte weitere Beweise für die von ihm postulierten Verbindungen – und wurde fündig. So erkennt man etwa zwischen dem 1970 entdeckten Quasar Mark 205 und der Galaxis NGC 4319 eine leuchtende Materiebrücke. Andere Astronomen wandten ein, der Quasar liege im Hintergrund und erscheine nur zufällig dort, wo sich das Filament befinde. Die Auseinandersetzung wurde härter. Man warf Arp vor, er habe schlecht beobachtet. Dem Außenseiter fiel zunehmend schwerer, in Fachzeitschriften zu publizieren. 1984 entzog man ihm schließlich die begehrte Beobachtungszeit am Palomar–Observatorium, wo er 25 Jahre lang gearbeitet hatte. Begründung: Seine Forschung sei "ohne Wert".

Arp verließ seine kalifornische Heimat und ging zum Max-Planck-Institut für Astrophysik in München. Hier kommt er besser zurecht. "Die deutschen Kollegen sind gegenüber anderen Ideen toleranter", meint Arp. "Sie neigen mehr dazu, den anderen machen zu lassen."
Mit einigen anderen ketzerischen Astronomen hat Arp inzwischen weiteres Material zusammengetragen. Seit 1991 existiert ein Katalog von weit über hundert Quasaren, die alle in der Nähe von Galaxien liegen. Derzeit sucht Arp seine "Paare" anhand von Daten des Röntgensatelliten Rosat. Dabei stützt er sich vor allem auf das riesige Röntgenbild-Archiv des Max-Planck-Instituts für extraterrestrische Physik. 1994 präsentierte er auf einem Kongress in Den Haag Bilder, auf denen deutliche Röntgenstrahlbänder zwischen Galaxie-Quasar-Paaren zu erkennen waren. Einen schlüssigen Beweis sahen seine Kollegen jedoch darin nicht!!
Richtig ins Abseits brachte sich Arp mit den Schlussfolgerungen, die er aus seinen Beobachtungen zieht. **Denn er bezweifelt die allgemein akzeptierte Erklärung für die Rotverschiebung.**
Gibt es tatsächlich die von ihm postulierten Galaxien-Quasar-Paare, dann steht möglicherweise sogar die Urknall-Theorie auf dem Prüfstand." So weit Horeis.

Offener Brief von 33 Wissenschaftlern zum Thema: Urknall-Hypothese

Veröffentlicht am 22. Mai 2004 in New Scientist

(inzwischen ist die Zahl von 33 auf über 280 angestiegen)

Nach Aussagen von Eric J Lerner, dem Mathematiker Michael Ibison von Earthtech.org und Dutzenden anderer Wissenschaftler auf der ganzen

Welt beruht die Dominanz der Urknalltheorie eher auf Konventionen als auf einer wissenschaftlichen Methode. Sie haben deshalb den folgenden offenen Brief an die Wissenschaftlerkreise verfasst, welcher im *New Scientist (22.-28. Mai, 2004, Seite 20)* veröffentlicht wurde.

"Die Urknalltheorie basiert auf einer großen Anzahl hypothetischer Wesenheiten, auf Dingen, die wir niemals beobachtet haben. Aufblähung, geheimnisvolle Materie und dunkle Energie sind die auffallendsten Beispiele. Ohne diese gäbe es einen fatalen Widerspruch zwischen den Beobachtungen durch die Astronomen und den Vorhersagen der Urknalltheorie.

In keinem anderen Bereich der Physik würde diese stetige Zuflucht in neue hypothetische Objekte als ein Weg akzeptiert werden, um die Lücken zwischen Theorie und Beobachtung zu schließen. Irgendwann müssten ERNSTHAFTE FRAGEN ÜBER DIE RICHTIGKEIT DER ZUGRUNDE LIEGENDEN URKNALLTHEORIE AUFGEWORFEN WERDEN!

Doch die Urknalltheorie kann ohne diese zu recht gepfuschten Faktoren gar nicht überleben. Ohne das hypothetische Inflationsfeld kann mit dem Urknall die fließende isotropische kosmische Hintergrund-Strahlung, die man beobachten kann, nicht erklärt werden, weil es keine Möglichkeit gibt für Teile des Universums, die sich nun weit mehr als nur wenige Grade vom Himmel weg befinden, die gleiche Temperatur anzunehmen und somit dieselbe Menge an Mikrowellenstrahlung auszuströmen.

Ohne eine Art von geheimnisvoller Materie, ungleich zu jener, die wir trotz 20 Jahre voller Experimente beobachtet haben, stellt die Urknalltheorie widersprüchliche Vorhersagen für die Dichte der Materie im Universum auf. Eine Inflation erfordert normalerweise eine 20 Mal höhere Dichte als die, die in der Urknall-Atom-Zusammensetzung, der Erklärung über den Ursprung der Lichtelemente, angedeutet wurde. Die Theorie sagt aus, dass das Universum ohne dunkle Energie nur ungefähr 8 Milliarden Jahre alt sei, was Milliarden von Jahren jünger wäre, als das Alter vieler Sterne in unserer Galaxie.

Ferner hat die Urknalltheorie keine quantitativen Vorhersagen aufzuweisen, die hinterher durch Beobachtung bestätigt werden konnten.

Die Glanzleistungen, auf die die Anhänger der Theorie sich beriefen, bestehen aus der Fähigkeit, Beobachtungen rückwirkend mit einer stets ansteigenden Ordnung verstellbarer Parameter tauglich zu machen, gerade als bräuchte die alte Kosmologie mit der Erde im Mittelpunkt Ebene für Ebene neue Epizyklen.

Doch der Urknall ist nicht das einzige verfügbare Gerüst, um das Universum zu verstehen. Sowohl durch die Plasmakosmologie als auch dem Modell des festen Zustandes entstand die Vermutung von einem sich entwickelnden Universum ohne Anfang und Ende. Diese und andere alternative Versuche können das grundlegende Phänomen des Kosmos, darunter die Fülle der Lichtelemente, die Generation von Strukturen großen Ausmaßes, die kosmische Hintergrundstrahlung und wie die Rotverschiebung von weit entfernten Galaxien an Abstand zunimmt, ebenfalls erklären. Diese haben sogar neue Erscheinungen vorhergesagt, die später beobachtet wurden. Dies war bei der Urknalltheorie kein einziges Mal der Fall.

Anhänger der Urknalltheorie mögen erwidert haben, dass auch diese Theorien nicht jede kosmische Beobachtung erklären können. Das kommt kaum überraschend, da ihre Entwicklung durch den vollständigen Mangel an Forschungsgeldern ernsthaft gehemmt wurde. **In der Tat können solche Fragen und Alternativen noch nicht einmal jetzt frei diskutiert und überprüft werden. In den meisten Konferenzen der "Mainstream-Forscher" fehlt ein offener Austausch von Ideen.**

Während Richard Feymann sagen konnte, dass "Wissenschaft die Kultur des Zweifels sei", werden bei der Kosmologie heutzutage keine Zweifel und abweichende Meinungen toleriert. Junge Wissenschaftler lernen, sich still zu verhalten, wenn sie etwas Negatives über das Standard-Urknallmodell zu sagen haben. Diejenigen, die die Urknalltheorie anzweifeln, fürchten, dass es ihre Zulassung kostet, wenn sie dies aussprechen.

Selbst Beobachtungen werden heute durch diesen voreingenommenen Filter interpretiert. Ob sie für richtig oder falsch angesehen werden hängt davon ab, ob sie die Urknalltheorie unterstützen oder nicht. So werden abweichende Daten von der Rotverschiebung, der Fülle von Lithium und Helium, und die Verteilung der Galaxien zwischen anderen Themen ignoriert oder als lächerlich abgestempelt. Dies spiegelt eine wachsende dogmatische Einstellung wider, die für den Geist freier wissenschaftlicher Untersuchungen einen Fremdkörper darstellt.

Heute werden eigentlich alle finanziellen und Versuchsmittel an die Urknallstudien hingegeben. Die Geldmittel stammen aus nur wenigen Quellen und die Untersuchungsausschüsse, die sie kontrollieren, werden von Anhängern der Urknalltheorie beherrscht. Dies hat zur Folge, dass sich die Herrschaft der Urknalltheorie auf diesem Gebiet ohne Rücksicht auf die wissenschaftliche Gültigkeit der Theorie selbst aufrechterhält.

Da nur Projekte innerhalb des Urknallsystems Unterstützung erhalten, wird ein grundlegendes Element der wissenschaftlichen Methoden untergraben - die stetige Überprüfung der Theorie anhand von Beobachtungen. Eine solche Einschränkung macht vorurteilsfreie Diskussionen und Forschungen unmöglich. Um dem abzuhelfen treiben wir diese Dienststellen, die die Arbeit in der Kosmologie mit Geldern unterstützen, an, einen bedeutenden Bruchteil ihrer Geldmittel für Nachforschungen in alternative Theorien und zu beobachtende Widersprüche zur Urknalltheorie bereit zu halten. Um Vorurteile zu vermeiden, könnte man den Prüfungsausschuss, der solche Gelder zuteilt, aus Astronomen und Physikern außerhalb des Kosmologiebereiches zusammenstellen.

Geldmittel auch für Untersuchungen zur Richtigkeit der Urknalltheorie und seine Alternativen würden den wissenschaftlichen Prozess möglich machen, der ein richtiges Modell der Geschichte des Universums ermöglicht."

Unterzeichnet u. a. von:
Halton Arp, Max-Planck-Institut für Astrophysik (Deutschland)
Eric J. Lerner, Lawrenceville Plasma Physics (USA)

Michael Ibison, Institute for Advanced Studies at Austin (USA) / Earthtech.org
www.earthtech.org
http://xxx.lanl.gov/abs/astro-ph/0302273
http://supernova.lbl.gov/~evlinder/linderteachin1.pdf
John L. West, Jet Propulsion Laboratory, California Institute of Technology (USA)
James F. Woodward, California State University, Fullerton (USA)
Andre Koch Torres Assis, State University of Campinas (Brazil)
Yuri Baryshev, Astronomical Institute, St. Petersburg State University (Russland)
Ari Brynjolfsson, Applied Radiation Industries (USA)
Hermann Bondi, Churchill College, University of Cambridge (UK)
Timothy Eastman, Plasmas International (USA)
Chuck Gallo, Superconix, Inc.(USA)
Thomas Gold, Cornell University (emeritus) (USA)
Amitabha Ghosh, Indian Institute of Technology, Kanpur (India)
Walter J. Heikkila, University of Texas at Dallas (USA)
Thomas Jarboe, University of Washington (USA)
Jerry W. Jensen, ATK Propulsion (USA)
Menas Kafatos, George Mason University (USA)
Paul Marmet, Herzberg Institute of Astrophysics (pensioniert) (Canada)
Paola Marziani, Istituto Nazionale di Astrofisica, Osservatorio Astronomico di Padova (Italien)
Gregory Meholic, The Aerospace Corporation (USA)
Jacques Moret-Bailly, Université Dijon (retired) (Frankreich)
Jayant Narlikar, IUCAA(emeritus) and College de France (Indien, Frankreich)
Marcos Cesar Danhoni Neves, State University of Maringá (Brazil)
Charles D. Orth, Lawrence Livermore National Laboratory (USA)
R. David Pace, Lyon College (USA)
Georges Paturel, Observatoire de Lyon (F)
Jean-Claude Pecker, College de France (F)
Anthony L. Peratt, Los Alamos National Laboratory (USA)
Bill Peter, BAE Systems Advanced Technologies (USA)
David Roscoe, Sheffield University (UK)
Malabika Roy, George Mason University (USA)

Sisir Roy, George Mason University (USA)
Konrad Rudnicki, Jagiellonian University (Polen)
Domingos S.L. Soares, Federal University of Minas Gerais (Brasilien)

Prof. Gordon Kane, Physiker
Uni Michigan (USA) schreibt in „Scientific american" (Spektrum der Wissenschaft vom Sept. 2003, Seite 31), dass die nachfolgend aufgeführten 9 Punkte mit dem bisherigen Standard-Modell der Physik **unvereinbar** sind:
(in Klammern jeweils der kurze Kommentar von H. U. Wolter dazu).

1. „Das Standardmodell vermag das Rätsel – das Problem der „kosmologischen Konstante" **nicht zu lösen**".
   (Wolter sagt hierzu: Einstein nannte diese kosmologische Konstante zu Recht „Eselei").
   Kane wörtlich: „All unsere heutigen Theorien scheinen zu besagen, dass das Universum eine ungeheure Konzentration an Energie enthält – selbst in den leersten Regionen des Weltraums. Die Gravitationseffekte dieser sog. Vakuumenergie hätten das Universum schon längst entweder eng einrollen – oder noch viel mehr aufblähen müssen: Das Standardmodell vermag dieses Rätsel – das Problem dieser kosmologischen Konstante – nicht zu lösen!"

2. „Dunkle Energie" ist **nicht** mit der **Physik des Standard-Modells** zu vereinbaren!"
   (Wolter sagt hierzu: Sog. Dunkle exotische Energie ist „der letzte Schrei" der alten Physik des Standard-Modells und konnte bisher ebenfalls nicht nachgewiesen werden).
   Kane wörtlich: „Lange glaubten die Kosmologen, die Expansion des Universums müsse sich verlangsamen, weil sie durch die gegenseitige Gravitationsanziehung der Materie gebremst wird. Erst seit kurzem wissen wir, dass die Expansion sich beschleunigt und dass die Ursache dafür – Dunkle Energie genannt – nicht mit der Physik des Standard-Modells zu vereinbaren ist".

3. „Die für die „Kosmische Inflation" verantwortlichen Felder können **nicht dem Standard-Modell** entstammen!"

(Wolter sagt hierzu: „Kosmische Inflation" würde Überlichtgeschwindigkeit bedeuten und die ist nach dem Standard-Modell nicht zulässig. Außerdem soll diese kosmische Inflation laut Prof. Alan Guth auf fast „Null abgebremst" worden sein?? Danach soll sich die Expansion des gesamten Alls „irgendwie" angeblich wieder beschleunigen??

Aber durch welche Kraft bremsen, durch welche Kraft beschleunigen??).

Kane wörtlich: „Es gibt starke Indizien für die sog. kosmische Inflation: In den ersten Sekunden-Bruchteilen nach dem Urknall machte das Universum eine extrem rasche Expansion durch. Die für die Inflation verantwortlichen Felder können nicht dem Standard-Modell entstammen."

4. „Die Asymmetrie" (Materie: Antimaterie) lässt sich mit dem **Standard-Modell nicht erklären!"**

(Wolter sagt hierzu: Logisch, denn das Universum besteht nicht aus Antimaterie und Materie, sondern ausschließlich **nur** aus normaler Materie!)

Kane wörtlich: „Wenn das All mit dem Urknall, d. h. mit einem riesigen Ausbruch purer Energie begann, müsste daraus auf Grund der Ladungsparität – der Symmetrie zwischen Teilchen und Antiteilchen – exakt gleich viel Materie und Antimaterie entstanden sein. Doch stattdessen bestehen die Sterne und Nebel aus Protonen, Neutronen und Elektronen – und nicht aus deren Antiteilchen. Diese Asymmetrie lässt sich mit dem Standard-Modell nicht erklären!"

5. „Dunkle Materie – diese unsichtbare exotische Substanz – kann **nicht aus Teilchen des Standard-Modells** zusammengesetzt sein!"

(Wolter sagt hierzu: Sehr richtig! – Einsicht ist der erste Schritt zur Besserung – denn bisher ging man von 90% Exotischer dunkler Materie aus, und ist nun – ohne Angabe von Gründen – auf 25 % Exotische dunkle Materie „gekommen"??).

Kane wörtlich: „Rund ein Viertel des Universums besteht aus dunkler Materie; diese unsichtbare, exotische Substanz kann nicht aus Teilchen des Standard-Modells zusammengesetzt sein!"

6. „Das Standard-Modell kann die eigentümliche Form der Higgs-Wechselwirkung **nicht erklären!**"
(Wolter sagt hierzu: D. h., auch die Quantenmechanik, die auf dem Fundament Higgs-Wechselwirkung aufbauen möchte, muss umdenken, denn eine Higgs-Wechselwirkung kann man seit Jahrzehnten genauso wenig nachweisen wie Exotische dunkle Materie, Exotische dunkle Energie oder einen „exotischen" großen Knall (Big-Bang).
Kane wörtlich: „Im Standard-Modell erwerben die Teilchen ihre Masse durch Wechselwirkung mit dem Higgs-Feld, dessen Quanten die – noch nicht experimentell nachgewiesenen – Higgs-Bosonen sind. Das Standard-Modell kann aber die eigentümliche Form dieser Higgs-Wechselwirkung nicht erklären."

7. „Mit Higgs würden auch die Massen aller Teilchen **viel** zu groß. Das verursacht somit ein **grundlegendes Problem!**"
(Wolter sagt hierzu: Grundlegende Probleme gibt es in der etablierten Physik zuhauf. Diese Probleme und Widersprüche müssen einer Erklärung zugeführt werden, indem man den lang erwarteten Paradigmenwechsel einleitet – und umdenkt. Und genau das habe ich getan).
Kane wörtlich: „Die quanten-theoretisch berechnete Masse des Higgs-Bosons ist enorm groß! Dadurch würden aber auch die Massen aller Teilchen viel zu groß: Dieses Ergebnis lässt sich im Standard-Modell nicht vermeiden und verursacht somit ein grundlegendes Problem."

8. „Das Standard-Modell kann die Gravitation **nicht** einschließen, weil sie sich von den drei anderen Kräften grundlegend unterscheidet!"
(Wolter sagt hierzu: Richtig! Auch die sog. „Gravitationswellen" konnte man bisher trotz aller Anstrengungen seit Jahren und trotz Milliardenaufwand nicht finden!)

Kane wörtlich: „Das Standard-Modell kann die Gravitation nicht einschließen, weil sie sich von den drei anderen Kräften grundlegend unterscheidet."

9. „Das Standard-Modell vermag die Werte für die Massen der Quarks und der Leptonen – beispielsweise von Elektron und Neutrino – **nicht zu erklären.**"
(Wolter sagt hierzu: Wie so vieles andere ebenfalls nicht! Es wundert uns inzwischen nicht mehr!)
Kane wörtlich: „Das Standard-Modell vermag die Werte für die Massen der Quarks und der Leptonen – beispielsweise von Elektron und Neutrino – nicht zu erklären!"

So weit Prof. Kane.

Nun zu weiteren bedeutenden Physikern und ihren bemerkenswerten Aussagen:

St. Hawking
erklärte auf Seite 73 seines Bestsellers: "Eine kurze Geschichte der Zeit":
„Inzwischen habe ich meine Meinung geändert und versuche nun, die Physiker davon zu überzeugen, dass das Universum nicht mit einer Urknall-Singularität entstanden ist!" Ende des Zitats.

Prof. H. J. Fahr,
Uni Bonn schrieb u. a. das Werk: „Der Urknall kommt zu Fall!"
Deutlicher kann man es wohl nicht sagen.

Frau Prof. Wendy Freedmann,
USA sagt am 22.11.02 in Pasadena: „Wir brauchen eine neue Physik, die bisherigen Theorien sind endgültig zusammengebrochen!"
Frau Prof. Freedman hat diese Kritik gewiss nicht ohne Grund geübt.
Dr. Dirk Lorenzen, der auf dem Physik-Symposium in Pasadena anwesend war, zitiert die große Physikerin mit diesen Worten einige Tage später im Deutschlandfunk. Die bekannte Sendung heißt „Forschung aktuell".

Der bedeutende Physiker, Prof. James Trefil (USA) fordert zu Recht in seinem Buch „Fünf Gründe, warum es die Welt nicht geben kann":

„Wir scheinen in eine Situation geraten zu sein, wo uns das Scheitern bei der Lösung einer Reihe von Problemen zu der Erkenntnis geführt hat, dass alle Rätsel zusammen gelöst werden müssen. Ein Ansatz, der darauf baut, Schritt für Schritt voranzukommen, hat keine Aussicht auf Erfolg!" So weit Prof. Trefil.

Ähnlich sagt es auch Prof. E. R. Harrison (USA):
„Die Kosmologie ist die einzige Wissenschaft, in der eine Spezialisierung uns nicht voranbringt. Das hauptsächliche Ziel der Kosmologie liegt also darin, das Rätsel des kosmischen Zusammenpassens (der Beobachtungen, der Fakten und der Bilder) zu lösen, und nicht im Einzelnen irgendein besonderes Teilchen des Puzzle-Spiels zu untersuchen. Während alle anderen Wissenschaftler das Universum in immer kleinere Abschnitte und Teilchen zerlegen, bemüht sich der Kosmologe, die Stücke zusammenzufügen, um das Bild auf dem Puzzle zu erkennen!" Zitat Ende.

Siehe auch die Ausführungen in der „Märkischen Allgemeine" vom 02.01.09 von Dr. Rüdiger Braun: „Und es hat Bumm gemacht!"

Dr. Braun: „Obwohl die Vertreter des Urknalls von dieser Theorie fest überzeugt sind, müssen sie zugeben, dass er viele Rätsel aufgibt. Der Urknall scheint z. B. die sog. Symmetriegesetze zu verletzen. Nach denen hätte eigentlich zu gleichen Teilen Materie und Antimaterie entstehen müssen. Beide hätten sich sofort gegenseitig vernichtet." So weit Braun.

Wolter sagt hierzu: Da dies nicht der Fall ist - denn wir Menschen, die Erde und das All bestehen ja und das ist nicht zu bezweifeln -, ist also auch die Urknall-Theorie nicht zu halten.

Weiter Dr. Braun:
„Selbst kühle Forscher und absolute Vertreter der Urknall-Theorie kommen dabei ins Grübeln, wie z. B. Bernard Schutz, Direktor des Max-Planck-Instituts in Golm bei Potsdam: „Es ist ein großes Geheimnis",

sagt er. „Vielleicht müssen wir wirklich nach der Hand Gottes schauen", sagt er, jedoch scherzend!
Forscher, wie der britische Astronom Halton Arp, der seit 1983 am Max-Planck-Institut für Astrophysik in Garching bei München arbeitet, nehmen diese Schwierigkeiten zum Anlass, den Urknall in die Tonne zu klopfen. (D. h., ihn vehement und eindeutig abzulehnen).Arp weist mit Lust darauf hin, dass sich bei manchen Galaxien die Rotverschiebung zwar ändere, nicht aber die Entfernung dieser Galaxien voneinander. Die Rotverschiebung, eine Veränderung der Wellenlänge des Lichts wird üblicherweise als Argument für die Bewegung der Galaxien herangezogen."
So weit Braun.
Interessant ist auch, dass der bedeutende Physiker Edwin Hubble die Rotverschiebung niemals als eine Flucht der Galaxien und als eine Expansion des gesamten Alls akzeptiert hat (siehe Spektrum der Wissenschaft vom Sept. 1993, Seite 82!).
Wolter sagt hierzu: „Also ist mit dieser Feststellung die Grundlage der Urknall-Theorie, die alte Erklärung der Rotverschiebung, ins Wanken geraten."
Weiter Dr. Braun, indem er Prof. Arp zitiert:
„Ich glaube, die Rotverschiebung sagt uns eher etwas über das Alter des Universums aus", meint Arp. Für ihn war die Materie schon immer da. Sie ändere nur ständig ihre Struktur."
So weit Dr. Braun.
Wolter sagt hierzu: Diese Erklärung von Prof. Arp ist richtig: Die Meinung „das All und Materie waren schon immer da", das bedeutet ein ewiges, unendliches All. Diese Meinung vertraten auch u. a. die großen Wissenschaftler wie Isaak Newton, Edwin Hubble sowie Einstein."
Weiter Dr. Braun: „Weitere Alternativen zur Urknalltheorie sind die Steady-State-Theorie sowie die Strings-Theorie. Die Steady-State-Theorie wurde verworfen. Sie verletzt einen fundamentalen physikalischen Satz: Den vom Erhalt von Masse und Energie."
So weit Dr. Braun.
„Auch die Urknall-Theorie verletzt diesen physikalischen Satz! Und zwar indem das All angeblich aus dem Nichts entstanden sein soll – und angeblich auch wieder zu Nichts vergehen soll!", erklärt Wolter.

Ein weiterer Versuch – alles unter einen Hut zu bringen, wie man sagt, ist laut Dr. Braun die Strings-Theorie: „Sie stellt sich die kleinsten Bauteile der Welt nicht mehr als Punkte im Raum, sondern als unvorstellbar winzige schwingende Linien, als Strings vor!" So weit Dr. Braun.

Wolter sagt hierzu: „Auch diese Strings- und sog. M-Theorien sind inzwischen zusammengebrochen, denn sie gehen u. a. davon aus, dass das Universum „irgendwie" 26 Dimensionen haben müsste. Diese Strings-Theorie entzieht sich jeder mathematischen Prüfung."

Weiter Dr. Braun:
„Der leitende Theoretiker" am Albert-Einstein-Institut, Prof. Hermann Nicolai, meint dazu: „Bislang ist die Stringtheorie nur ein Sammelsurium. Nicht auszuschließen sei, dass irgendwo ein entscheidender Artikel schon in der Schublade liege. Eine solche „Urformel" über die Physik der Welt könnte auch das Dunkel des Urknalls erhellen." So weit Dr. Braun.

Wolter dazu: „Ich hoffe, dass meine Arbeiten nicht länger in der Schublade liegen bleiben müssen, sondern geprüft werden!"
Weiter Dr. Braun: „Bisher wissen wir noch gar nicht, was da passiert", sagt Prof. Nicolai. Der Urknall ist eine Singularität, also etwas, wo die mathematischen Beschreibungen der Physik versagen. Eines ist klar: „Entscheidend für die Richtigkeit der Theorie ist das Experiment".
Ende des Zitats.

Peter Ripota: „Mythen der Wissenschaft" (Internet)
Peter Ripota war Wissenschaftsredakteur bei P.M.
Sieben Fragen zum Urknall (Auszüge)
Stellen Sie diese Fragen einem Urknall-Anhänger - ich bin gespannt auf die Antwort!

(1) Wieso ist die Welt so gleichförmig?
Die Krise des Urknalls wurde scheinbar elegant gelöst. Alan Guth erfand in den Sechzigerjahren eine Methode, alle Körnigkeit des frühen Weltalls mit einem Schlag zu verwischen. In seiner "kosmischen Inflation" bläht sich das Universum in einer sehr frühen Phase für ganz kurze Zeit noch schneller auf als die übliche Ausdehnung mit Lichtgeschwindigkeit, von Atomkernkleinheit zur Größe unserer heutigen Milchstraße, in Bruchteilen von Sekunden, also mit hunderttausendfa-

cher Lichtgeschwindigkeit. Dadurch wurde die Ursuppe kräftig durchgemischt und homogenisiert. Eine solche kosmische Inflation ist aber nach allen Formeln der Physik, insbesondere nach denen der Relativitätstheorie, absolut unmöglich - keine Masse kann auch nur annähernd Lichtgeschwindigkeit erreichen, geschweige diese milliardenfach überschreiten!

(2) Warum nimmt die Explosionsgeschwindigkeit mit der Entfernung zu?
Bei jeder Explosion nimmt die Kraft, welche die Teile ursprünglich weggeschleudert hat, allmählich ab, und die Teilchen werden langsamer. Dazu trägt auch die Schwerkraft bei, die im Explosionszentrum natürlich stärker wirkt als außen, weil am Ort des Explosionsherdes mehr Masse konzentriert ist als außen. Beim Urknall war es angeblich genau umgekehrt: Je weiter ein Teilchen (eine Galaxis) vom Explosionsherd entfernt ist, desto schneller wird sie. Aber: Woher nimmt sie denn die Energie dafür?

(3) Wieso sind die ältesten Sterne älter als das Universum?
In den Kugelsternhaufen um die Galaxien finden sich die ältesten Sterne. Ihr Alter sieht man am Gehalt von "Metallen", das sind in der Astronomie alle Elemente komplexer als Helium. Sie werden in den Sternen erbrütet, und aus ihrer Menge kann man auf das Alter ihres Sterns schließen. Jedenfalls sind diese Sterne über 15 Milliarden Jahre alt, älter als der gesamte Kosmos.

(4) Woher kommen die großräumigen Strukturen im Weltall?
In den letzten zehn Jahren entdeckten die Astronomen, vor allem mit Computerhilfe, immer gigantischere Strukturen im Weltall. Unser Universum ist keineswegs so gleichförmig, wie wir bisher glaubten. Die gesamte sichtbare Materie (also Sterne und Gaswolken) konzentriert sich an der Oberfläche ungeheuer großer imaginärer Blasen, und dazwischen ist nichts - absolute Leere (auch Voids genannt).
Jedenfalls reicht die Zeit von ca. 15 Milliarden Jahren nicht, dass allein auf Grund der gegenseitigen Anziehung (Gravitation) solch komplexe Muster entstehen. Erfinderisch wie die Kosmologen sind, holten sie aus dem Zylinderhut ihrer Ideen flugs eine neue Zauber-Taube heraus. Sie

nannten sie dunkle Materie, und die soll nun alles erklären. Als Keimzelle für die Anlagerung von anderer Materie soll sie die Gebilde im All geformt haben. Weil sie dunkel ist, kann man sie nicht sehen. Doch woraus besteht sie?

Es könnte sich auch um exotische Teilchen handeln, die noch nicht entdeckt sind: Axone, Gravitinos und dergleichen. Doch das ist reine Spekulation.

Es gibt noch eine alternative Erklärung, ein weiteres kosmisches Zauberkunststück: Im Weltall existiert neben Gravitation auch eine Anti-Gravitation, ein Druck, der die Dinge auseinander treibt. Ursache ist die "kosmologische Konstante", die Einstein in seine Gleichung ziemlich willkürlich einsetzte, um sie bald wieder herauszunehmen, mit der Bemerkung, ihre Einführung wäre der größte Fehler seines Lebens gewesen. Doch mit diesem kleinen Zusatzterm wird das Universum alt genug (30 Milliarden Jahre), um Galaxien und höhere Gebilde in Ruhe entstehen lassen zu können. Doch diese - rein willkürliche und durch nichts gerechtfertigte - Annahme führt zu zahlreichen Schwierigkeiten, Ungereimtheiten und Widersprüchen, die wiederum mit neuen Annahmen gerechtfertigt werden müssen - ad infinitum.

(5) Woher kam aus dem Nichts das gesamte Universum?
Oder, etwas anders formuliert:

(6) Was war vor dem Urknall?
Bei den Pionieren der Urknall-Hypothese war die Masse des Universums noch in einem gigantischen Feuerball konzentriert. Inzwischen aber vertreten die Gelehrten die Idee, der gesamte Kosmos sei urplötzlich aus dem Nichts - physikalisch: aus dem Vakuum - hervorgebrochen. Klingt das nicht sehr nach dem jüdisch-christlichen Schöpfungsmythos? Wo bleibt da das geheiligste Prinzip der Physik, das Prinzip von der Erhaltung der Masse + Energie?

Und was davor war, das wiegeln Wissenschaftler mit dem Hinweis ab: Davor war nichts. Solche Fragen stellt man nicht, die sind unanständig. Derartige Argumente kennen wir aus der Kindheit: Wenn wir etwas fragten, was den Eltern peinlich war, bekamen wir auch so eine Antwort."
So weit Ripota.

Nicht nur die bereits zitierten Wissenschaftler üben Kritik an der Big-Bang-Theorie, sondern es gibt noch viele andere Skeptiker, wie z. B. u. a. M. Geller, Milgrom, Smolin, Woid, Layzer, Leibundgut u. v. a., die sich nicht durchsetzen konnten. Ich frage: „Warum werden diese großen Physiker nicht gehört"?
Liegt es daran, dass sie keine stimmige und logische alternative Kosmoserklärung anbieten können?
Siehe auch „Zensur" – der Vorwurf von G. Burbidge in „NATURE"!
Warum gibt es diese „seltsame Zensur"?

Ich muss gestehen, ich komme mehr und mehr ins Grübeln: Ich bin immer noch sehr skeptisch und kann mir kaum denken, dass ein kleiner, unbedeutender Außenseiter wie Hans Ulrich Wolter wirklich Recht haben kann.
Soll er wirklich als Einziger und anders als Tausende hoch bezahlte und hoch gelehrte Experten eine neue Kosmoserklärung anbieten können?
Ich kann verstehen, dass andere genau so skeptisch sind wie ich selbst. Sie können es ebenfalls kaum fassen, dass ein Einzelner und Außenseiter gegen die gesamte wissenschaftliche Gemeinschaft bestehen kann.
Andererseits, warum nicht? Waren nicht auch die großen Entdecker meist Einzelkämpfer und hatten sie nicht dennoch Recht?!

Da inzwischen alle alternativen Theorien – wie Strings- und M.-Theorien und die Staedy-Stade-Theorie „gestorben" sind, bleibt nichts anderes übrig, als das neue Wolter-Modell zu prüfen!
Das sollte die große Forschungsgemeinschaft tun!
Alles studierte und hoch bezahlte Leute! Die können es sich doch eigentlich gar nicht leisten, an einer alten Theorie festzuhalten, die so viele Widersprüche hat, denke ich!
Ich tippe mehr darauf, dass man schließlich einen Kompromiss zwischen den vielen Meinungen finden kann.
Ich will also weiterhin sehr skeptisch und vorsichtig bleiben.
Der bedeutende theoretische Physiker, Prof. Harald Lesch, der immer für die etablierte Physik des Standard-Modells „getrommelt" hat, scheint gegenwärtig der beste Wissenschaftler der Etablierten zu sein. Ich will ihn mir genau anhören und dann den alten Bauern mit den Argumenten des

Kosmologen Lesch konfrontieren, so dass das Wolter-Modell damit widerlegt wird.

Prof. H. Lesch
Prof. Lesch beginnt – wie ihn Hunderttausende, nein viele Millionen interessierte Hörer kennen – immer mit den Worten: „Herzlich willkommen bei Alpha Centauri!"
So auch anlässlich seines Vortrages in Bayern Alpha (ein hervorragender Wissenschaftssender) am 19.10.2007.
Dieser Vortrag wurde erstmals im Jahre 2003 gesendet und 2007 – also vier Jahre später - wiederholt.
Thema: „**Virtuelle Wirklichkeit**" (Was sind virtuelle Teilchen?).

„O, ja", denke ich bei mir, „Prof. Lesch, das ist ein anerkannter, bedeutender Wissenschaftler. Diesem Forscher muss man doch glauben können – und ich kann seine Erkenntnisse mit denen des Meisters Wolter vergleichen und gegenüberstellen.

Wolter denkt ja, er könnte das All besser und richtiger erklären, als die etablierten Wissenschaftler, wie z. B. Prof. Lesch!
Jetzt werde ich also genau erkennen, wer von den beiden die besseren Argumente hat, und ich bin gespannt wie ein Bogen und schaue vorsichtshalber noch einmal nach, ob das Band, mit dem ich den Vortrag aufnehme, auch richtig läuft.

Ja, alles in Ordnung. Also genau aufpassen! Denn hier spricht der wohl bedeutendste Physiker der heutigen Medienwelt, Prof. Harald Lesch, der eine ganze Generation von interessierten Menschen prägt.

Mehrmals in der Woche ist er zur besten Sendezeit – sogar an den Wochenenden – zu hören.

Prof. Lesch ist nicht nur theoretischer Physiker und Kosmologe, sondern auch der Leiter der Sternwarte in München und ein anerkannter Astrophysiker.
Er ist auch promovierter Philosoph und Theologe. D. h., er müsste also die verschiedenen Puzzlesteinchen gut zusammensetzen können, denn

wer hat schon eine so umfassende Ausbildung wie er? Viele interessierte Menschen Deutschlands haben ihn gewiss gesehen und gehört.
Prof. Lesch hält seinen Vortrag ganz allein in einem uralten Klassenraum mit grünen Tischen und Bänken. Es erinnert mich immer an meine Schulzeit, wir hatten ähnliche Tische und Bänke.

Meister Wolter erzählte mir, dass er in einer kleinen Dorfschule unterrichtet wurde, - alle acht Klassen in einem Raum – Er hätte immer genau aufgepasst, was die „Großen" in Physik, Chemie, Geschichte und Philosophie gepaukt und durchgenommen haben.

Wolter erzählte auch, wie er sich schon mit sechs Jahren das Lesen selbst beigebracht und alle Bücher verschlungen hätte, die ihm in die Hände gefallen seien.
„Aber", sagte er, „ich habe dabei wohl auch mein Gehirn trainiert!
Mein ganzes Leben lang war ich an allem interessiert und habe niedergeschrieben, was mir bemerkenswert erschien!"

„Wie sind Sie denn an die Astrophysik und Kosmologie gekommen?", fragte ich ihn daraufhin.

Seine Antwort: „Meine Mutter hatte mir schon als Fünfjähriger „den Himmel" zu erklären versucht und auch in der besagten Dorfschule habe ich schon manches mitbekommen, und auch **so** ist mein Interesse geweckt worden.

Später habe ich dann die entsprechenden Bücher gelesen und bemerkt, dass darin viele „weiße Flecken" steckten und viele ungelöste Fragen angesprochen wurden. Und das hat mich gereizt!

Ich konnte den „gordischen Knoten" zerschlagen, in dem die Physik gefangen war.
Eben weil ich erkannte, dass der große Einstein Recht hatte, als er von **Wahn** und Pastorenphysik sprach!"

„Na, das hätten doch andere **auch** machen können", wunderte ich mich.

„Nein, eben nicht", erklärte er. Denn Big-Bang und Expansion waren und sind seit fast hundert Jahren die Voraussetzung, wenn man auch nur eine Arbeit in der Schule oder Hochschule über Physik schreiben muss oder hier auch nur eine Prüfung bestehen will.
Oder wenn man später eine Arbeit veröffentlichen will oder ein Buch schreibt.

Ich dagegen - als einfacher Bauer und selbstständiger Unternehmer -, habe frei gedacht, geforscht und geschrieben.
Ich habe mich nicht um Peer Review = Zensur und Vorgesetzte gekümmert."

„Ach so ist das", denke ich bei mir und bin erstaunt. Deshalb also seine einfachen und logischen Erklärungen!

Prof. . Lesch hat u. a. oft auch zusammen mit seinem Duz-Freund, dem Philosophen Prof. Wilhelm Vossenkuhl in Bayern Alpha auf höchstem Niveau diskutiert. Nicht nur über Physik und Philosophie, sondern in mehreren Vorträgen auch über die großen Denker und Weisen der Antike vor über 2000 Jahren.
Ähnlich auch mit den Theologen Dr. H. Schwartz über Religion, Theologie, Moral und Ethik.

Prof. Lesch, also der ideale Mann, um ihn dem Bauer Wolter gegenüberzustellen.

Ich werde Wolter also mit dem großen Lesch konfrontieren und freue mich schon darauf, die besten Erkenntnisse bei diesem Vergleich heraus zu destillieren. Ich werde meine Leser damit besser informieren können, - grüble ich – und höre den Worten von Prof. Lesch mit meiner ganzen Aufmerksamkeit zu.

Kein Wort soll mir entgehen, deshalb ja auch das laufende Band.

Es ist für mich ein Genuss, diesem frei und lebendig sprechenden Professor zuzuhören. Lesch hat sogar den begehrten Preis für volksnahe Publikation und die Erklärung von schwierigen wissenschaftlichen Phänomenen bekommen.

„Ja", denke ich, „solche Wissenschaftler brauchen wir noch viele!"

Prof. Lesch beginnt seinen Vortrag, den ich in wichtigen Passagen wörtlich zitiere, folgendermaßen:

„Also heute Herrschaften geht`s um „Nichts!"
„Aha", denke ich, jawohl, vielleicht geht es jetzt um die angebliche Entstehung des Alls aus dem Nichts!
Desgleichen wohl auch um die angebliche Auflösung des Alls zu Nichts, die von den etablierten Physikern vorausgesagt wird!
Das, was Wolter ja vehement ablehnt und es nicht für möglich hält, dass sich das All mit Milliarden von Galaxien je zu Nichts auflösen könnte.
Hier bin ich also richtig, denke ich und will hören, was Prof. Lesch dazu sagt.

Lesch fährt fort: „Es gibt nichts Spannenderes als das Nichts.
Und es geht letztlich um den **Urgrund allen Seins**!"
Und während Prof. Lesch diesen Gedanken wegen der Wichtigkeit noch mehrmals wiederholt, denke ich: „Ja, jetzt kommt`s! Jetzt spricht er wohl den Schöpfer als Urgrund des Seins – und wohl auch den Big-Bang – an. Jetzt werden also die **großen Rätsel des Weltalls gelöst**. Und ich schaue nochmals nach dem laufenden Band und vergesse sogar, mich wieder zu setzen. So sehr bin ich pure Aufmerksamkeit.

Prof. Lesch fährt fort: „Es geht in diesem Vortrag um den **Urgrund allen Seienden.**" (dieser Satz wird wohl wegen der Wichtigkeit viermal wiederholt).

Weiter Prof. Lesch: „**Es geht um die Wirklichkeit**!
Es geht um das, was wirklich da ist!
Aber es geht auch um die scheinbare Wirklichkeit!
Die es zwar gibt, die aber **nicht existiert**!
Na, ja!!
Das ist die sog. **virtuelle Wirklichkeit**!

Virtuelle Teilchen, das ist **der Hammer**:
Was sind virtuelle Teilchen?

Virtuelle Teilchen, die es ja eigentlich gar nicht gibt!
Nein – die eigentlich gar nicht existieren!"

„Nanu", denke ich, „warum redet er denn über Dinge, die gar nicht existieren?
Ist das etwa ähnlich wie die nicht nachweisbaren Exotiken wie Dunkle Materie und Dunkle Energie?
Was erzählt er denn da? So ein Unsinn!"

Lesch fährt fort:
„Virtuelle Teilchen, die es aber geben **muss** .
Denn, virtuelle Teilchen, das sind Teilchen, die wir **dringend** brauchen, um **überhaupt etwas** auf dieser Welt zu **verstehen**.

Ja, das ist ein bisschen chaotisch!
Ja, das ist nicht einfach!

Diese Teilchen gehören zum Heiligsten in der Physik!
Wir haben ja schon von dem „**heiligen Gral**" in der Physik gesprochen!
Da ist die Heisenbergsche Unschärferelation drin, da ist auch Einsteins Allgemeine Relativitäts-Theorie drin und die virtuellen Teilchen gehören auch dazu!

Denn die virtuellen Teilchen gibt es ja nur deshalb, weil es diese beiden Theorien gibt.

Und wenn diese Theorien falsch sind, **dann sind sie verdammt gut falsch!**"

Ich kann auf diese Aussage hin nur den Kopf schütteln. Denn diese seltsame Bemerkung beweist, dass Prof. Lesch selbst auch nicht von der Richtigkeit dieser Theorien überzeugt ist.

Doch weiter mit Prof. Lesch:
„Die Quantenwelt ist eine außerordentlich schwankende Angelegenheit. Dasselbe gilt auch für Energie und Zeit!
Das Produkt aus Energie und Unschärfe – mal Zeitunschärfe - ist höchstens so groß, wie h:2 Pi!

Sollte – sollte – sollte „Etwas" Energie haben, die gerade der Masse von einem Teilchen und einem Anti-Teilchen entspricht – z. B. 10 Millionen Grad äh…(unvollendeter Satz).

Jetzt machen wir erst einmal eine kurze Pause – denn jetzt wird`s äh, äh, … (unvollendeter Satz).

Nehmen wir einmal einen Raum. Da ist nichts drin, da ist nichts drin, da ist nichts drin.
Ist das klar??
Nach der Quanten-Theorie gibt es überall Energieschwankungen, so dass virtuelle Teilchen entstehen können – ist doch klar!

Und das Nichts!?
Nach der Quanten-Theorie ist das Nichts, ist das Ganze nur ein ständiges Vergehen und Werden von Teilchen!
Nur ich kann sie gar nicht messen! Nee, nee! Denn nach der Heisenbergschen Unschärferelation tauchen diese Teilchen ja nur für eine winzig kurze Zeit auf!
Für quasi überhaupt nichts! Ja?

Warum erzähle ich Ihnen überhaupt so etwas?
Na ganz einfach: Ohne diese virtuellen Teilchen würden wir die Welt überhaupt gar nicht mehr verstehen.

Auf diese Art und Weise würde man also ein Elektron von irgendwo am Rande des Universums – mit einem Proton hier direkt bei uns mit einem Feld verbinden müssen!
Beide müssten durch unendlich lange Feldlinien miteinander verbunden sein!
Das kann offenbar gar nicht sein!

Denn nach der Quantenmechanik müsste es zwischen den beiden ein Austauschteilchen geben!
Ja, ja, ja, was soll das sein??

Sie merken schon, das ist wirklich eine „anspruchsvolle" Sendung heute!"

Mir fällt gerade ein: „Hat Prof. Lesch nicht bei einer ähnlichen Sendung einmal erklärt:
„Kosmologie ist Absurdistan!"
Absurdistan würde auch hier den Nagel auf den Kopf treffen (Absurdistan = Steigerung von absurd!)."
Lesch weiter:
„Ein Photon hat zwar Energie – aber es hat keine Ruhemasse! Man kann das Photon nicht zum Stillstand bringen!
Nun ist das mit dem Nichts – also mit dem Nichts, von dem ich vorher gesprochen habe...
(unvollendeter Satz).
Also das Nichts ist etwas, von dem wir Physiker glauben, dass es überall im Universum existiert!
Also wirklich überall! Das ist die Vorstellung! Warum ist das so?
Na, ja, das muss so sein, **weil wir sonst in die dicksten Schwierigkeiten kommen!!**
Ja, das ist nicht einfach, hä!?

Beim Radius 0 würde die magnetische Kraft gegen unendlich gehen!
Wir hätten eine Singularität!
Eine ganz große Schwierigkeit!!! Singularitäten sind immer ein Zeichen dafür, dass man irgendetwas nicht verstanden hat.

Also mit Hilfe der Quantenmechanik einerseits – und der Allgemeinen Relativitäts-Theorie andererseits – also einer „relativistischen Quanten-Feld-Theorie... mein Gott ist das eine tolle Sendung – verstehen wir, warum die Dinge so sind, wie sie sind!

Virtuelle Teilchen existieren zwar, sind aber nicht wirklich!

Die physikalische Wirklichkeit des Universums besteht aus einem brodelnden Quantenschaum!

Wenn man das alles so zusammenstellt und zusammenschreibt, dann hat man schon manchmal das Gefühl, du meine Güte, dies Universum ist schon manchmal – äh, äh,- sehr merkwürdig!!" So weit Prof. Lesch.

So weit die wichtigsten Auszüge aus dem Vortrag vom 19.10.2007.
Ich muss gestehen, ich bin sehr enttäuscht von Prof. Lesch und seinem Vortrag.
Ich habe inzwischen das Gefühl, dass man uns - die normal und logisch denkenden Homo Sapiens -, wohl zum Narren hält.
Nach einem solchen Vortrag (Dauer 15 Minuten), der sogar nach vier Jahren zur besten Sendezeit im besten wissenschaftlich orientierten TV-Sender wiederholt wurde, kann ich mich nur fragen: „Soll dies etwa noch seriöse Physik sein?"
Ist man seit vier Jahren immer noch nicht weiter in der Physik vorangekommen?
Hat es noch niemand gewagt, eine bessere Erklärung vorzustellen?

Ich rufe den alten Bauer Wolter an!
„Ja", erklärt er, „ich habe den Vortrag auch gerade angehört.
Ich brauche jedoch solche Geisterteilchen in meinem Kosmos-Modell nicht!
Auch nicht die bisher nicht nachweisbare sog. Exotische dunkle Materie.
Auch nicht die nicht nachweisbare Exotische dunkle Energie.
Und das bisher nicht nachweisbare Higgs-Feld erkläre ich so einfach, dass es jeder verstehen kann."

„Das ist gut", sage ich hastig und lege auf.
Ich muss mich nach einer solchen Enttäuschung erst sammeln und prüfen, ob man eine solche Sendung – wie die gerade gehörte - Wissenschaft nennen darf und ob so etwas **zumutbare Physik** ist?!

Prof. Lesch ist doch seit vielen Jahren der anerkannte Experte auf diesen Gebieten der Physik. Wenn sein einziger Beweis für die virtuellen Teilchen nur die absolute Notwendigkeit ist – Zitat: „Weil wir sonst in die dicksten Schwierigkeiten kommen", dann ist das für mich schon der exakte Beweis, dass man bereits jetzt in diesen „dicksten Schwierigkeiten" steckt.

Man darf wohl annehmen, dass die Argumentation für die sog. „Exotische dunkle Materie", die man ebenfalls – wie die virtuellen Teilchen - nicht nachweisen kann, nach meiner Meinung keine seriöse Physik ist. Man erkennt an einem solchen Vortrag jedoch, dass wir tatsächlich dringend Neuerungen in der Kosmologie und Astrophysik brauchen.

„**Wir brauchen eine neue Physik!** Die bisherigen Theorien sind endgültig zusammengebrochen", so sagt es auch die Physikerin Frau Prof. Wendy Freedman am 22.11.02 in Pasadena (USA).
Damit ist wohl alles gesagt! Und nun muss Jedermann für sich die Folgerungen ziehen.
Das Dilemma in der Kosmologie, das man auch aus den Worten von Prof. Lesch heraushört!

Nach diesem Vortrag weiß ich die klare Ausdrucksweise des Bauern H. U. Wolter zu würdigen und muss gestehen: Eins zu Null für den Meister, der ohne „Geisterteilchen" und ohne nicht nachweisbare „Zaubereien" auskommt und dessen Botschaft man verstehen kann, **wenn man will**. Siehe die Aussage des 15-jährigen Alexander Reinders, dessen Brief ich hier anschließend abgedruckt habe und der mit den Worten „**wenn man will**" endet:

„**Lieber Herr Wolter! Am Montag habe ich Ihr Buch erhalten und gleich die ersten 140 Seiten gelesen. Ich muss sagen, dass ich sehr beeindruckt bin, wie Sie die „Puzzlesteine" passend zusammengefügt haben. Ihre Theorie über die Kometen könnte auch den Plasmatorus und die Io-Bahn um Jupiter erklären (IRO S. 183).
Sie sollen unbedingt noch mal versuchen, Ihre Theorie über PM oder andere Fachzeitschriften publik zu machen. Am besten wenden Sie sich direkt an Peter Moosleitner oder vielleicht an „Abenteuer Forschung" beim ZDF. Mit freundlichen Grüßen Ihr Alexander Reinders, 15 Jahre alt.**

P.S. Ich würde zu gerne wissen, was Stephen W. Hawking über Ihre Theorie sagt, da er auch mal Schwarze Löcher zum Leuchten gebracht hat (Hawking-Strahlung). Ich finde besonders gut, dass man für Ihre Theorie keine kosmischen Strings, Wurmlöcher oder noch mehr Dimensionen braucht. Ihre These kann jeder Laie begreifen, wenn er will!" Zitat Ende.

Hansjörg Helm schreibt: „Am 24.04.1991 sah ich im 3. Programm die Sendung Sonde, wo Sie Ihre Thesen zum Kosmos vorstellten. So, wie ich's mitgekriegt habe, kann ich nur sagen: „Gratuliere, exzellent!" Ich glaube, Ihnen ist da ein großer Wurf gelungen! Lassen Sie sich bloß nicht verdrießen, wenn diese Theorie wenig Anklang bei der etablierten Astronomie findet. Solche Schwierigkeiten sind quasi schon vorprogrammiert und tauchen in schöner Regelmäßigkeit immer wieder auf, trotz der ständig beteuerten „Offenheit", mit der die Wissenschaft bisweilen kokettiert. Bleiben Sie am Ball!
Mit besten Grüßen Hansjörg Helm." Zitat Ende.

Ich bin hin- und her gerissen: Da sind auf der einen Seite die etablierten Physiker – lauter studierte Leute – mit ihrer Urknall-Theorie und den dazugehörigen Folgerungen, die noch nicht einmal nachweisbar sind, was ja wohl das Mindeste wäre!
Ich denke: Auch die großen etablierten Physiker von heute waren einmal begierig lernende Jugendliche.
Was in ihren Lehrbüchern stand, mussten sie wohl annehmen und lernen. Denn schließlich wollten sie auch gute Noten und einen guten Abschluss haben!
Auf der anderen Seite sind dann die schon genannten Skeptiker (besser Realisten). Alle diese Männer und Frauen haben sich ihre eigenen Gedanken über das Universum gemacht, haben versucht, der Wahrheit näher zu kommen. Aber keiner dieser Genannten – ob für oder gegen den Big-Bang - kann eine überzeugende Alternative zur Urknall-Theorie bieten. Warum haben sie kein besseres Modell anzubieten?
Finden sie keines, weil sie noch immer von dem **einen** Urknall – mit all seinen Folgerungen - sowie von einem expandierenden All ausgehen?
Oder werden ihre neuen Modelle ebenfalls durch Peer Review hinweg zensiert?

Ebenso wie das Modell von Meister Wolter totgeschwiegen und ignoriert wird?

Durch die eben zitierte Sendung von Prof. Lesch bin ich doch nun sehr ernüchtert.

Hans Ulrich Wolter hat ganz offensichtlich eine einleuchtende alternative Kosmoserklärung. Seine Alternative stützt sich ausschließlich auf die Beobachtungen mit den besten Teleskopen. Er verweist immer wieder auch auf seine Videokassette in „Sonde-Technik-Wissenschaft", in der er die Details – auch in den Galaxien – offengelegt hat! Ich bin der festen Überzeugung, dass auch der Moderator der Sendung „Sonde-Technik-Wissenschaft", Dr. Peter Rost – ebenso wie sein Team -, von der Stimmigkeit des von ihm so genannten „Wolter-Modells" überzeugt waren.

Ich recherchiere weiter:

5. Der Kosmos (schöne Ordnung) ewig und unendlich!

Was sagen die alten Denker und Weisen aus der Antike?

Gibt es eine vergehende Zeit?

Hans Ulrich Wolter erklärt auf meine Nachfrage:
„Man kann sich das „**Ewige und Unendliche**" nicht gut vorstellen, denn es liegt nun einmal in der Natur des Menschen, bei allen Dingen nach einem Anfang und einem Ende zu suchen.
Wer sich am „ewigen All" stört, der sollte die Erklärung des Physikers Prof. Börner bedenken: „Was ewig existiert, muss man nicht erklären! Die Antworten auf die Fragen nach dem Ursprung der Welt verlieren sich in der Unendlichkeit!" So weit Börner.
Man kann sich jedoch auch mit meiner Erklärung zufrieden geben: Materie, Energie und Leben entstehen irgendwo im All jeden Tag neu!
Materie, Energie und Leben vergehen auch täglich wieder im immer wiederkehrenden Wechsel, entsprechend der bekannten Formel
$E = m c^2$.

Das ist die eherne kosmische Norm und wer das richtig versteht, der erkennt auch, dass im All das ständige Vergehen und Neuwerden – gleich Ende und Neuanfang – abläuft!
D. h., er muss sich also nicht weiter – wie auch Börner erklärt – seinen Kopf über das ewige All zerbrechen.
Das All ist also gerade **wegen** seines „Vergehen und Neuwerdens" ewig!
Man muss nicht sofort einen Vergleich zwischen Mensch und Kosmos bemühen: Auch die Zellen im menschlichen Körper erneuern sich ständig, solange wir jung genug sind. Und eine halbe Zelle von mir und meinem Partner kann sogar neues Leben hervorbringen.

All das haben nicht wir Homo Sapiens so genial gemacht und durchdacht, sondern das geniale und grandiose All, das wir nur staunend bewundern können!" So weit der Meister.

„Donnerwetter", denke ich bei mir, „das ist eine Antwort, die jeder verstehen kann, wenn er will!"
Aber nun will ich auch das große Rätsel „Zeit" noch gelöst haben und ich frage:
„Was ist Zeit?"

Der Bauer sagt: „Gibt es überhaupt eine „vergehende Zeit"? Ist nicht vielmehr alles nur Bewegung?
Z. B. die Bewegung der Zellen in unserem Körper,
die Bewegung der Erde um die Sonne,
dazu deren Drehbewegung um die eigene Achse (Sonne dreht sich in etwa 30 Tagen einmal um die eigene Achse)
Oder die Bewegung der Sonne in ihrer Mutter-Galaxie,
die Bewegung der Galaxien umeinander,
oder im Miniformat in unserem Umfeld: Die Drehbewegung der Räder,
die Bewegung des Uhrenzeigers auf dem Ziffernblatt der Uhr usw.

Alle diese Bewegungen setzen wir miteinander in Relation!
Wir bemerken jedoch kaum, dass auch in uns selbst die Bewegungen und Vibrationen der Zellen ablaufen und dass wir also langsam größer und älter werden, ohne dies am Anfang zu bemerken!
D. h., es gibt in Wirklichkeit gar keine vergehende Zeit, sondern nur die sich ständig ändernden unterschiedlichen Bewegungen.

Für das All gibt es ebenfalls keine vergehende Zeit, sondern nur die Bewegungen darin und nur die Ewigkeit.
Die Ewigkeit, in der es immer Materie, Energie und Leben geben wird – und zwar bis in alle Ewigkeit!
So, wie es übrigens auch in der Bibel beschrieben ist: Von Ewigkeit zu Ewigkeit!"
So weit Wolter.

Ich frage: „Und wie ist es mit der Drehung der Erde? Hatte sich die Erde früher nicht schneller gedreht?"

„Ja", erklärt Wolter, „ein Erdentag hatte einst nur etwa 15 Stunden. Heute braucht die Erde viel länger für eine Umdrehung = 24 Stunden!

Nachweislich dreht sich die Erde auch weiterhin immer langsamer um die eigene Achse, ungefähr eine Sekunde pro Jahr, fast unmerklich.
D. h., deshalb wird etwa jedes Jahr zum Ausgleich eine Sekunde eingefügt."

Ich muss lachen und sage: „Ach wie schön, dann können wir nachts ja immer länger schlafen!"

Wolter bremst meine Freude jedoch mit den Worten: „Aber auch die Tage werden ständig länger und vielleicht sollten wir dann auch – wie die Japaner – einen kleinen Mittagsschlaf halten!" So weit der Meister.

Philosophie und Kosmologie
Viele bedeutende Menschen haben sich ehrlich angestrengt. Aber trotz aller Anstrengungen konnte die Big-Bang-Theorie bisher nicht endgültig bewiesen werden.
D. h., wer jetzt die besseren Beweise auf seiner Seite hat und wessen Puzzles besser zusammen passen – wie Trefil und Harrison fordern -, dessen Erklärung der großen Zusammenhänge im All sollte gelten!

Und wer dann **diese** Aussage widerlegen will, der muss dann mit seinen Argumenten das Gegenteil beweisen können. Aber Theorien, die nur zur Hälfte bewiesen werden können und nur auf Vermutungen aufbauen, dürften keinen Bestand haben.

Der große Denker, Sir K. Popper erklärte sinngemäß:
Wenn sich auch nur ein einziger Widerspruch in einer Theorie ergibt, dann muss diese Theorie fallen gelassen werden!

Bei meinen Bemühungen, den Wahrheiten näher zu kommen, stoße ich auf weitere Zitate, und zwar von Dr. Helmut Hille:
„Antike Denker für ein Universum ohne Grenzen in Raum und Zeit"
Auf der 69. Jahrestagung der DPG (Deutsche Physikalische Gesellschaft) vom März 2005 (Einsteinjahr) in der TU Berlin, FV EP und DD vorgetragen.

Dr. Hille zitiert **Heraklit** (ca. 544 bis 483 v. Chr.): „**Die gegebene schöne Ordnung** =Kosmos aller Dinge, dieselbe in Allem, ist **weder von einem der Götter** noch von einem der Menschen geschaffen worden, sondern **sie war immer – ist - und wird sein!**" Zitat Ende.
(Wolter: Das bedeutet **ewiges All,** auch bestätigt von Isaak Newton!).

Weiter Dr. Hille:
„**Parminides** (ca. 540 bis 480 v. Chr.): „Es gibt weder ein sich überall gänzlich Zerstreuendes – noch ein sich gänzlich **Zusammenballendes!**" Zitat Ende.
(Anmerkung von Wolter: Das ist das Gegenargument gegen die „Schwarzen Löcher, angeblich endgültige Materiegräber!").

Meister Wolter hat diese Materieballungen in der Fernsehsendung „Sonde-Technik-Wissenschaft" bis in die Details erklärt. Siehe auch seine Bücher „Universum" und „NO BANG!"

Weiter Dr. Hille:
„**Hippolytos** redet über die Kosmologie des **Demokrit** (460 bis 371 v. Chr.): Alles aus
„Die Vorsokratiker", Reclam Universal-Bibliothek Nr. 7965:
Demokrit erklärt, es gebe **unbeschränkt viele Welten,** und zwar von unterschiedlicher Ausdehnung.
In manchen gebe es weder Sonne noch Mond, in manchen größere, in manchen mehr Sonnen und Monde als bei uns.
Die Räume zwischen den Welten seien ungleich, und es gebe hier mehr, dort weniger Welten, und die einen seien noch im Wachstum begriffen, andere seien in der Blüte ihres Lebens, wieder andere seien im Schwinden; an einer Stelle entstünden, an anderer Stelle hörten sie auf zu sein.
Es gebe einige Welten, in denen keine Lebewesen vorkämen und überhaupt keine Feuchtigkeit." Zitat Ende.
Wolter: „Alles, was **Demokrit** hier erkannt hat, wird durch die neuesten Beobachtungen exakt bestätigt, wenn man erkennt, dass Demokrit die verschiedenen Galaxiensysteme als „Welten" bezeichnet hat. Galaxiensysteme, von denen es angeblich etwa 200 Milliarden im Weltraum gibt.

Heute erkennen wir, dass auch ein Sonnensystem wie das unsrige eine Welt für sich ist.

Aus alten Zeiten hat man glasartige, linsenähnlich geschliffene, runde Objekte gefunden, mit denen es damals vielleicht schon möglich war, den Weltraum genauer zu betrachten und solche **hervorragenden und richtigen Aussagen** zu machen, die unsere besten Teleskope voll und ganz bestätigen." So weit Wolter.

Weiter Dr. Hille: Aus „Die Vorsokratiker" von KCF. Geyer, Junius-Verlag Hamburg:
„**Anaximander aus Milet** (um 611 bis 545 v. Chr.): „Der Ursprung der seienden Dinge sei **das Unbegrenzte**!" (Wolter: d. h., das All ist unendlich!).
Weiter Dr. Hille:
„In der vom Max-Planck-Institut für Wissenschaftsgeschichte Berlin, herausgegebenen Übersetzung von Newtons (1643 bis 1727 n. Chr.) unveröffentlichten Notizen zu den Propositionen IV-IX, Buch III, seiner „**Principia**" findet sich folgende Auseinandersetzung Newtons mit Gedanken von **Lukrez** (96 bis 55 v. Chr.), dem bedeutendsten Vertreter der Lehren **Epikurs** (ca. 342 bis 271 v. Chr.) in Rom, zur **Unendlichkeit des Alls**:
„Darum lehrt **Lukrez**, dass es **keinen Mittelpunkt** des Universums und keinen unendlichen Ort gibt, sondern in dem **unendlichen Raum unendlich viele Welten** sind, die der unsrigen ähnlich sind, und deshalb tritt er für die **Unendlichkeit der Dinge** folgendermaßen ein:
Außerdem, wenn der gesamte Raum des ganzen Alls auf allen Seiten von bestimmten Rändern eingeschlossen bestünde und begrenzt wäre, so wäre schon längst der Vorrat an Materie von allen Seiten her infolge der massiven Gewichte (Gravitation) bis zum tiefsten Punkt hin zusammengeflossen und unter dem Himmelsgewölbe könnte nichts mehr geschehen, und es gäbe überhaupt keinen Himmel mehr und auch kein Sonnenlicht, da ja die ganze Materie zusammengeklumpt ist." Ende des Zitats aus Lukrez Buch I am Ende, Vers 984 bis 994.

In ähnlicher Weise hat **Newton** diese Erklärung übernommen und – wie bekannt – mit dem **Brief von 1692 an den Wissenschaftler R. Bentley übersandt.**

Dr. Hille zitiert Newton: „**Wenn das Weltall irgendwo begrenzt wäre, so würden sich die äußersten Körper (weil sie keine äußeren Körper haben, zu welchen hin sie schwer sind), nicht im Gleichgewicht befinden, sondern durch ihre eigene Schwere (Schwerkraft) zu den inneren Körpern hinstreben und hätten sich dadurch, dass sie seit Ewigkeit von überall her zusammenströmen, schon längst in der Mitte des Ganzen angelagert!**" Zitat Ende.

Wolter: „Auch Newtons Erkenntnis ist eine **Bestätigung für das ewige und unendliche Universum!**"

Dr. Hille zitiert den Spiegel: Die beiden Spiegel-Artikel „Der erschöpfte Schöpfer"
und „Die Welt aus dem Nichts" beruhen auf der **ungeprüften Voraussetzung**, dass das Universum vor langer, aber begrenzter Zeit „entstanden" wäre. (Urknall =vor etwa 13. Mrd. Jahren angeblich „entstanden" laut Standard-Theorie).

Der Spiegel: „*Die meisten Probleme, die Kosmologen deshalb bewegen, ergeben sich aus dieser Prämisse – und ihre Zuflucht zu einem göttlichen Schöpfer ist dann unvermeidlich!*"
So weit der Spiegel.

Wiki Pedia: "Papst Pius XII. führte in einem abschließenden Vortrag aus: Der mit dem Urknall zeitlich festlegbare Anfang der Welt sei einem göttlichen Schöpfungsakt entsprungen!!" So weit Wiki Pedia.

Weiter der Spiegel: „Nun könnte man daraus den Schluss ziehen, dass der Verstand des Menschen mit der Kosmologie überfordert ist, **wenn es nicht das Zeugnis antiker Denker gäbe.**
Jedoch, an der Überzeugung von einem zeitlichen Anfang aller Dinge und also auch des Alls wird eisern festgehalten.
Jahrzehnte und Jahrhunderte lange Indoktrination von allen Seiten hat eben ihre Spuren in den Köpfen der Menschen hinterlassen!"
Und der Spiegel wiederholt noch einmal:

„Dagegen ein unendliches Universum bringt alle kosmologischen Probleme zum verschwinden." So weit der „Spiegel", zitiert von Dr. Hille.

Prof. F. Siemsen von der Universität Frankfurt erklärt in der Sendung „Die lange Nacht der Physik": „Etwa 80 % der Menschen gehen von einem ewigen All aus. D. h., dass etwa 80 % der Menschen nicht mehr an das „Lemaitrische Big-Bang-All" glauben, sondern das ewige All zu Grunde legen."

Wolter fährt fort:
„Setzen wir einmal voraus, dass der „Spiegel" im Allgemeinen recht gut informiert und auf der Höhe der Zeit ist, dann darf man also zu Grunde legen, dass inzwischen eine große Mehrheit der Menschen und der gut informierten Medien sich eine neue logische und verständliche Kosmos-Erklärung wünschen. Diese ist von mir seit den 1980-er Jahren sowohl in Amerika als auch im Fernsehen und in mehreren Büchern vorgestellt worden und wurde in „Sonde-Technik-Wissenschaft" als Wolter-Modell vielen Tausend interessierten Hörern bis in die Details erklärt.
Diese Sendung liegt auch auf Band vor. All diese neuen Erkenntnisse wurden bisher oft ignoriert bzw. nicht verstanden.

Jeder kann dieses sehr leicht verständliche neue Wolter-Modell prüfen und kann selbst entscheiden, ob dieses Modell, das auf die Beobachtungen und die besten Wissenschaftler gründet, richtig ist, oder ob er Lemaitres Modell (Big-Bang-Modell) bevorzugt.

Der „Spiegel" fragt zu Recht, ob wir Menschen heute vielleicht überfordert sind, wenn wir das grandiose All verstehen wollen.
Der „Spiegel" gibt selbst die Antwort: „Nun könnte man daraus den Schluss ziehen, dass der Verstand der Menschen mit der Kosmologie überfordert ist, wenn es nicht das Zeugnis antiker Denker gäbe." (Der „Spiegel" meint also, wenn die Menschen vor 2500 Jahren – in der Antike – die großen Zusammenhänge im Universum richtig verstehen konnten – siehe die Bestätigung durch die späteren Beobachtungen –, dann sollte es also auch den Menschen heute möglich sein, diese Zusammenhänge ebenfalls zu verstehen)."

Eine wichtige Aussage von G. Lemaitre ist die folgende:
"Das Universum ist für den Menschen nicht zu groß, es überschreitet weder die Möglichkeiten der Wissenschaft noch die Fähigkeiten des menschlichen Geistes!" Ende des Zitats.
Weiter Wolter:
„Etablierte, namhafte Wissenschaftler haben inzwischen erkannt, dass das Big-Bang-Modell nicht richtig sein kann und bekennen sich offen zu dieser Überzeugung. (Siehe hierzu u. a. auch die Aussagen im „Offenen Brief von 33 Wissenschaftlern!" im Kapitel: Was sagen andere namhafte Wissenschaftler?)" So weit Wolter.

Der Meister hält einen Moment inne, dann erklärt er weiter:

„War es wirklich im wohlverstandenen Interesse der Kirche, ihre ursprüngliche Überzeugung, die Unendlichkeit des Alls, aufzugeben - das All, das ja auch mit „Himmel" gleichgesetzt wird?
Denn Lemaitres All – mit Big Bang - ist eben, wie die Urknall-Wissenschaftler meinen, **nicht** ewig, sondern angeblich endlich!
Man sieht an diesen seltsamen Spekulationen (ein sich auflösendes All), dass man zu völlig absurden Ergebnissen kommt, wenn man von falschen Voraussetzungen und Theorien ausgeht. (Siehe das Materie- und Energieerhaltungsgesetz!).
Dagegen, ein ewiges und unendliches All ist mit den Gesetzen der Physik (auch dem Kausalitätsprinzip) in Übereinstimmung.
So, wie es übrigens auch der bedeutende Physiker Isaak Newton, ein gläubiger Christ, richtig erkannt und berechnet hatte (siehe sein Schreiben von 1692 an R. Bentley!).
Siehe auch Nobelpreisträger Isaak Singer, der sich auf Baruch de Spinoza stützt, ebenso auch den bedeutenden Kirchenfürsten Nikolaus v. Cues (geb. 1204).
Diese berühmten Männer sahen ebenfalls das Universum und den Schöpfer als ewig und unendlich an!

Wie konnte es also geschehen, dass der Jesuitenpater – G. Lemaitre – diese uralten Überzeugungen vom ewigen All plötzlich umstoßen konnte und 1927 erklärte, dass das All mit einem Knall aus einem „ei-großen Gebilde und aus dem Nichts" entstanden sei?

Mich würde tatsächlich interessieren, welche Forschungs-Unterlagen von Lemaitre diesbezüglich vorhanden sind und wie er auf seine Erkenntnisse gekommen ist. Etwa durch Beobachtungen? Die Antwort lautet „nein"!
D. h., also ist das Urknall-Modell nur auf Mutmaßungen und Spekulationen aufgebaut!

Es geht hier nicht um Kritik an einem sog. Elite-Soldaten der Kirche (Lemaitre), sondern es muss einzig und allein um Wahrheiten gehen. Auch ein Pater des Vatikans kann sich irren. Irren ist menschlich und nicht auszuschließen. Auch Papst Johannes Paul II hatte sich für das Fehlverhalten der Kirche entschuldigt, als diese unter dem damaligen Papst den Wissenschaftler Galilei dazu zwang, „abzuschwören".

Das sog. Standard-Modell mit Big-Bang steht also im krassen Widerspruch zur Jahrtausendealten Theorie der Kirche, die einen ewigen Schöpfer und ein ewiges All ganz selbstverständlich zu Grunde legt.
Niemand will sich darüber hinaus einen Schöpfer vorstellen, der das gesamte All – mit hundert Milliarden Galaxien - einfach wieder zu Nichts auflöst. Neben dem Energie-Erhaltungsgesetz gibt es – wie bekannt – auch das Materie-Erhaltungsgesetz! (Energie und Materie können sich also nicht zu Nichts auflösen und können genau so auch nicht aus Nichts entstehen. Sie können sich – nach den Naturgesetzen und nach $E = mc^2$ - nur ineinander umwandeln!

Auch will sich niemand vorstellen, – wie auf Grund der Big-Bang-Theorie heute ebenfalls gelehrt wird -, dass die Sonne sich aufbläht und die Erde und alles Leben darauf vernichtet.

Das Ende vom Lied solcher Theorien sind Weltuntergangsängste der Menschen, und als Folge davon Kirchenaustritte und Hinwendung zu anderen, zukunftsfreundlicheren Religionen.
Wie urplötzlich solche Fragen und Probleme auch von den Medien aufgegriffen und hochgespielt werden, das erkennt man u. a. auch an den USA, wo plötzlich die Themen „Darwin" und „Urknall" auf der Tages-

ordnung stehen und darüber gestritten wird, was die Millionen von Kindern und ihre Eltern nun lernen müssen und was nicht!" So weit Wolter.

Der Urknall, der sich „unendlich" wiederholt
Ich sage zu Meister Wolter: „Sie erklärten doch bereits 1991 im Fernsehen, dass es den Big-Bang aus dem Nichts heraus – und entgegen allen physikalischen Gesetzen – **nicht** geben kann. Sondern dass es stattdessen sehr viele „Little Bangs" – jeder neu und gewaltig aus den Zentren der alten elliptischen Galaxien heraus - gibt.

Wenn ich Sie richtig verstanden habe, dann sind es doch täglich ein bis zwei gigantische kosmische Explosionen – Gamma Ray Bursts (GRB) genannt -, die von den modernsten Teleskopen etwa alle 10 Stunden nachgewiesen werden!

Kosmische Explosionen (GRB), durch die – wenn Sie recht haben -, jedes Mal täglich ein bis zwei junge, noch dunkle Spiralgalaxien entstehen!"

„Ja, ja", entgegnet der Meister und nickt bedächtig, „täglich ein bis zwei Gamma Ray Bursts, das ist tatsächlich die kosmische Realität, die wir mit unseren besten Teleskopen sehr exakt und bis in die Details nachweisen.
Durch diese sog. Gamma Ray Explosionen dehnt sich die zuvor sehr konzentrierte Materie einer alten elliptischen Galaxie schlagartig um das millionen- oder milliardenfache explosionsartig aus.
Teile der Materie werden nach $E = mc^2$ zu Explosions-Energie. Aus dieser „flocken" alle über hundert Elemente aus, u. a. Wasserstoffgas in großen Mengen.
(Ein Gamma Ray Burst ist der gewaltigste $E = mc^2$-Prozess).

Mit dieser gigantischen kosmischen Explosion entsteht aus dem Galaxienzentrum einer elliptischen Galaxie wieder eine gigantische junge Spiralgalaxie."

Wolter weiter:

„Alle Galaxien sind unterschiedlich groß und bestehen aus sehr unterschiedlichen Elementen.
Jede ein einmaliges Individuum mit unterschiedlichem Durchmesser von etwa 100.000 Lichtjahren und mehr. So wie z. B. unsere Galaxis. Es gibt jedoch auch erheblich größere Galaxien.

Diese Explosion einer gesamten Galaxie ist so gigantisch und stark, dass die Wissenschaftler sich bisher etwas so Außergewöhnliches nicht vorstellen konnten und deshalb die Gamma Ray Bursts als den Zusammenprall von schwarzen Löchern und Neutronensternen erklären wollten.
Wie dies nach physikalischen Gesetzen ablaufen und mit den exakten Beobachtungen in Übereinstimmung gebracht werden sollte, konnte man bisher nicht erklären. Es gibt inzwischen viele Hunderte von unterschiedlichen Erklärungsversuchen, die nicht stimmig erscheinen. Ich konnte diese Gamma Ray Bursts als Erster bereits im Jahre 1991 in meiner Fernsehsendung erklären. Meine Erklärung ist in Übereinstimmung mit dem von Isaak Newton in „Optics" geforderten sog. „Schöpferimpuls"!
Dennoch wäre diese kosmische Explosion (GRB), die alles Auffassungsvermögen von Menschen bei weitem übersteigt, ja in Wirklichkeit nur ein „Mini-Prozess", wenn man sie mit dem sog. Urknall vergleicht, mit dem angeblich die Materie von etwa 200 Milliarden Galaxien angeblich aus dem Nichts entstanden sein soll, so wie das Standard-Modell behauptet.
Man erkennt nun vielleicht besser, wie absurd die Vorstellung **eines einzigen** Urknalls ist.

Richtiger wäre es sicher, wenn sich die Physiker in aller Welt den täglich zu beobachtenden Galaxienexplosionen (GRB) zuwenden würden, um diesen gigantischen Prozess zu erforschen.
Ich bleibe dabei, dass diese Galaxienexplosionen, die in jeder Galaxie ablaufen können, die wahren, gigantischen Little-Bang-Prozesse sind. Sie erhalten das Universum im ewigen Gleichgewicht und erneuern ständig die Galaxien.

Einen irgendwie gigantischeren Urknall oder Big-Bang konnte man bisher nicht nachweisen, auch nicht in irgendwelchen Parallel-Universen,

die es angeblich geben soll. Diese wurden jedoch ebenfalls noch nie nachgewiesen!!
Der große Philosoph Ludwig Wittgenstein erklärt: „Worüber man nicht reden kann, darüber sollte man schweigen!"

Die Wissenschaftler sollten sich fragen, wieso es möglich war, dass diese Big-Bang-Theorie so ohne weiteres – und ohne Beobachtungen zu Grunde zu legen - akzeptiert wurde!

Jeden Gamma Ray Burst in jeder Galaxie kann man als einen Urknall von gigantischen und unvorstellbaren Dimensionen als den realen und nachweisbaren **„Schöpferimpuls"** bewundern. Er kann täglich im All beobachtet werden!

Man kann folgerichtig erkennen: „Jede Galaxie ist ein Kosmos für sich (griechisch: Kosmos = schöne Ordnung). Eine Welt, ein eigenständiges, gigantisches Universum; fernab von jeder anderen Galaxie. Für uns Wissenschaftler ist nicht zu erkennen, wie viele Galaxien bzw. Welten es wirklich sind. So also kann damit auch die sog. „Vielwelten-Theorie" verstanden werden. Die vielen Galaxien, die unsere Teleskope sehr exakt nachweisen, sind die vielen Welten, die man sieht.

Jede Galaxie – Welt – wird durch einen Gamma Ray Burst immer wieder erneuert.
Jede kann Leben aller Art tragen und ist selbst – wie ein Lebewesen – in ständiger Entwicklung begriffen!

In jeder Galaxie wandelt sich – nach $E = mc^2$ Materie in Energie,
und Energie in Materie um.
Und das in ewigen, unendlichen Prozessen, wie wir sie täglich erkennen.

Jeder dieser Umwandlungsprozesse ist ein neuer Anfang der Materie bzw. der Energie! (Es wird ja immer wieder nach dem **„Anfang"** gefragt). Vorstehendes ist also die Antwort!

Auch in unserer grandiosen, wunderbaren Galaxis ist gewiss bereits ein solcher Mini-Urknall (Little Bang = Gamma Ray Burst) abgelaufen, wie

ihre besondere Spiralstruktur zeigt. Und dennoch gibt es erstaunlicherweise in diesem gewaltigen Gebilde, Galaxis genannt, das wunderbare Leben, wie wir es auch hier auf unserer Erde erkennen.
Leben, zu dem wir Homo Sapiens gehören, indem wir aus primitiveren Lebensformen hervorgegangen sind.
Wir dürfen diese gewaltigen kosmischen Prozesse (Gamma Ray Bursts) nun mit unseren Teleskopen zur Kenntnis nehmen und bewundern. Die gewaltigen Gamma Ray Bursts sind die Voraussetzung für erneuerte Galaxien und auch für Leben im Rahmen neuer, junger Galaxien.
Wie Wissenschaftler inzwischen erkennen, kann neues Leben in Form von ersten Keimen auch aus den Tiefen des Alls auf die Erde hernieder rieseln. Man darf also annehmen, dass alles Leben im All miteinander verwandt ist und jeder Leben tragende Himmelskörper mit Leben aus dem All „geimpft" werden kann." So weit Meister Wolter.

„Genial", denke ich bei mir, und ich meine damit nicht den alten Bauern, der die Galaxien-Explosion richtig erkannt und erklärt hat. Sondern mit dem Begriff „genial" meine ich das All und die Galaxien, die (vergleichbar mit einem pulsierenden Herzen, durch den Vorgang „Gamma Ray Burst = Little Bang") ständig jung bleiben!
„Und wie sind Sie auf solche einfachen Wahrheiten gekommen?", frage ich den Meister und denke bei mir: „Darauf hättest Du ja schließlich selbst kommen können!"

Der Bauer überlegt einen Augenblick und sagt dann langsam und bedächtig:
„Der große Mathematiker Carl Friedrich Gauß, schreibt Anfang des 19. Jahrhunderts anlässlich eines schwierigen mathematischen Beweises: **„Aber alles Brüten, alles Suchen ist umsonst gewesen. Traurig habe ich jedes Mal die Feder wieder hinlegen müssen.**
Endlich vor ein paar Tagen ist`s gelungen, aber nicht meinem mühsamen Streben, sondern bloß durch die Gnade Gottes möchte ich sagen. Wie der Blitz einschlägt, habe ich das Rätsel gelöst. Ich selbst wäre nicht imstande gewesen, den leitenden Faden (zwischen dem, was ich vorher wusste, dem, womit ich die letzten Versuche gemacht hatte und dem, wodurch es gelang), nachzuweisen." So weit Wolter.

Aristarchos erkannte bereits vor etwa 2300 Jahren (300 v. Chr.), dass sich die Erde um die Sonne dreht. Er wurde jedoch kaum beachtet!
Siehe die Arbeit auf der Homepage von Dr. Herwig Schmidt „Schicksal eines Querdenkers" sowie sein Buch „Das Märchen vom Urknall": „In diesem Zusammenhang sei nur an das Schicksal des griechischen Philosophen und Astronomen Aristarchos v. Samos (310 bis 230 v. Chr.) erinnert. Er hatte damals eine Theorie entwickelt, dass die Sonne eine riesige Kugel ist, und nur so klein erscheint, weil sie, wie alle Dinge, umso kleiner erscheinen, je weiter sie vom Betrachter entfernt sind.
Um sie sollten die Planeten, einschließlich der Erde mit dem Mond kreisen. Ferner war er überzeugt, dass sich die Erde einmal am Tag um ihre eigene Achse dreht und so Tag und Nacht entsteht.
Darüber hinaus war er der Auffassung, dass diese Erdachse auf ihrer Bahn um die Sonne geneigt ist, da nur so die Jahreszeiten erklärt werden können.
Mit dieser Festlegung hatte er das wesentliche des Sonnensystems vollständig erkannt und beschrieben.
Diese Idee wurde aber von einflussreichen Wissenschaftlern und Philosophen jener Zeit abgelehnt und fast 2000 Jahre später bekam Galilei erhebliche Probleme mit der Inquisition, weil er diese Theorie von Aristarchos vertrat, die schon vor so langer Zeit entwickelt worden war." Zitat Ende.

Wolter:
„Die kath. Kirche und übrigens auch Martin Luther aber wollten an ihren alten Vorstellungen: „Die Erde ist der Mittelpunkt des Alls", festhalten und widersetzten sich solchen Umdenkungsprozessen sehr hart und konsequent.
Der moderne Papst Johannes Paul II sah es mit seinem Chefberater – seinem Nachfolger – Benedikt XVI als notwendig und richtig an, sich deshalb zu entschuldigen!

D. h., man darf heute wohl annehmen, dass die Kirche gelernt hat und dieselben Fehler wie einst nicht mehr wiederholen wird.

Man muss ebenfalls die Verfehlungen und die Ignoranz der etablierten Wissenschaftler - auch vergangener Zeiten – ansprechen.

Das tut z. B. der große Physiker Max Planck. Er erkannte sehr genau das Fehlverhalten seiner Kollegen. Er erklärt wörtlich: „Ich bin davon überzeugt, dass eine neue wissenschaftliche Wahrheit nicht triumphiert, indem sie ihre Gegner überzeugt, sondern weil ihre Gegner schließlich sterben und eine neue Generation heranwächst, die sich an die neue Wahrheit gewöhnt hat." Zitat Ende von M. Planck.".
So weit Wolter.

6. Lemaitre und die Urknall-Theorie

Der Physiker Prof. Josef Silk, Universität Oxford spricht Klartext

Wolter zitiert aus dem bedeutenden Werk von Prof. Silk „Das (fast) unendliche Universum", auf Seite 264: „Der Jesuitenpater Georges Lemaitre wurde 1894 in Charleroi in Belgien geboren. Im Jahre 1927 schlug er ein expandierendes Universum vor. Lemaitres Erklärung war, dass sich der Raum selbst ausdehnt und die Galaxien dabei mitnimmt." Zitat Ende von J. Silk.
Wolter weiter: „Diese Neu-Erklärung von Lemaitre wurde zur Grundlage der Big-Bang-Theorie, auch Urknall- oder Standard-Theorie genannt."
Weiter Silk: „Lemaitre hatte keine Probleme, die Big-Bang-Kosmologie mit seinem kath. Glauben zu vereinen. Tatsächlich spielte sein Rat eine wichtige Rolle in der berühmten Enzyklika Humani Generes, die Papst Pius XII im August 1950 erließ.
Einstein nahm die Arbeit von Lemaitre zur Kosmologie nicht gerade wohlwollend auf und bezeichnete sie als „Physique de curé". So weit Prof. J. Silk.

Wolter: „Deutlicher kann Einstein nicht ausdrücken, was er vom Standard-Modell hält. Warum hat die Wissenschaft nicht auf ihn gehört?
Einige dieser Schwierigkeiten und Probleme der Physik, die auf Grund der Big-Bang-Theorie Lemaitres entstanden, sind z. B. das noch immer fehlende Higgs-Feld, die noch immer fehlende, sog. „Exotische dunkle Materie" und die noch immer fehlende „Exotische dunkle Energie", die bis heute nicht nachweisbar sind, also nur auf unwissenschaftlichen Vermutungen und Spekulationen basieren. Man braucht sie jedoch zwingend, um das Standard-Modell mit Big-Bang noch aufrecht zu erhalten und sucht weiter fort. Seit nunmehr Jahrzehnten aber kann man „diese und andere Exotiken" **nicht** finden!" So weit der Meister H. U. Wolter.

Ich verweise auf die Bücher von Herrn Wolter: „UNIVERSUM" und „NO BANG", wo auf die „Urknall-Theorie" näher eingegangen wird.

In diesem Zusammenhang hat Herr Wolter einen schönen Witz erzählt, der übrigens aus der wissenschaftlichen Fachzeitschrift „Spektrum der Wissenschaft" (Scientifice american) stammt:
„Man sieht den Schöpfer mit langem weißem Bart und viele „Engelein mit Flügelein", die sehr eifrig und krampfhaft hinter den Wolken und Galaxien etwas anscheinend sehr Wichtiges suchen. Der Schöpfer ruft mit zorniger Miene: **„Habt ihr die Dunkle, exotische Materie nun endlich bald gefunden? Oder muss ich erst böse werden!?"**

„Spaß muss sein", hatte sich der Zeichner wohl gesagt!
Und besser als mit diesem Witz kann man das Dilemma, in dem die etablierte Physik sich derzeit (und seit vielen Jahrzehnten) befindet, wohl nicht geißeln. Denn eine seriöse Wissenschaft muss natürlich **zuerst den exakten Nachweis für diese Exotische dunkle Materie erbringen**! Erst **danach** kann sie eine neue Theorie oder ein neues Modell darauf aufbauen!

Siehe Wiki Pedia über die Urknall-Theorie und Georges Lemaitre:

„Lemaître stellte seine Ideen auf einem Kongress in London vor, der sich mit dem Ursprung des Universums und der Spiritualität beschäftigte.(Spiritualität lateinisch: spiritus = Geist, Hauch) bedeutet im weitesten Sinne eine Form von Geistigkeit als **Gegensatz** zum rein wissenschaftlich rationalen Denken.)." So weit Wiki Pedia.

Wolter: „Man darf also wohl fragen, handelt es sich hier bei der Urknall-Theorie um wissenschaftlich rationales Denken oder soll Spiritualität im Vordergrund stehen??"

Weiter Wiki Pedia: „Lemaitre beschrieb seine Vorstellungen vom Ursprung des Universums als Uratom, „ein kosmisches Ei, das im Moment der Entstehung des Universums explodierte". In diesem Uratom soll die gesamte heute im Universum vorhandene Materie zusammengepresst gewesen sein. Seine Kritiker bezeichneten danach die Theorie als Urknalltheorie (oder Big Bang), Sir Hoyle = ironisch: „Großer Knall". **Eddington und auch Einstein lehnten die Theorie ab, weil sie sich zu** sehr an die christliche Vorstellung von der Erschaffung der Welt anlehnte und weil sie vom physikalischen Standpunkt viele Unschönheiten hatte, wie beispielsweise sogenannte „Singularitäten." So weit Wiki Pedia.

Wolter: „Man darf doch wohl annehmen, dass es nicht um Schönheiten bzw. Unschönheiten, sondern einzig und allein um wissenschaftlich fundierte Wahrheiten gehen muss!"

Weiter Wiki Pedia: „Der Streit darüber hielt über mehrere Jahrzehnte an. Einstein war auf einer Reise nach Kalifornien zu überzeugen, als Lemaître ihm seine Theorie in allen Einzelheiten erklären konnte." So weit Wiki Pedia.

Ich frage mich also: Wurde diese klare Aussage des großen Einstein: „Physique de curé" infolge der „Überzeugungsarbeit" von G. Lemaitre auf der Reise nach Kalifornien **danach** von Albert Einstein zurückgenommen??
Ich denke, das Wort „Physique de curé" wurde nicht zurückgenommen!
Und warum wird von dieser „Überzeugungsarbeit" - und der Reise nach Kalifornien – nichts Näheres berichtet?
Kann man anstatt „Überzeugung" auch einen erheblichen Druck mit „Stillschweigeabkommen" vermuten?
Hat Albert Einstein in Kalifornien versprochen, in Zukunft nicht mehr die „Physique de curé" zu kritisieren?

Meines Wissens hat Einstein nie sein hartes Urteil „Physique de curé" revidiert, sondern vielmehr hat er später erklärt: „Wir sind auf neue Gesetze gestoßen, die die meisten unserer bisherigen Erkenntnisse als **Wahn** aufdecken". Zitat Ende.

Weiter Wiki Pedia:
„Jedenfalls: Auf einer Tagung im November 1951 akzeptierte die Päpstliche Akademie der Wissenschaften Lemaîtres Theorie. Papst Pius XII. führte in einem abschließenden Vortrag aus: Der mit dem Urknall zeit-

lich festlegbare Anfang der Welt sei einem göttlichen Schöpfungsakt entsprungen!!" So weit Wiki Pedia.

Der große Wissenschaftler St. Hawking schreibt sinngemäß in „Eine kurze Geschichte der Zeit": „Der Papst wusste nicht, dass ich mich damals bereits von der Urknall-Theorie gelöst hatte und sie ablehnte. (Siehe auf Seite 73, Zitat: „Inzwischen habe ich meine Meinung geändert und versuche nun, die Physiker davon zu überzeugen, dass das Universum nicht mit einer Urknall-Singularität entstanden ist")." Ende des Zitats.

Zitate aus dem Buch „Universum" von Hans Ulrich Wolter:
„Der bekannte Historiker Dr. Fischer Fabian schreibt auf Seite 169 seines Werkes „Die Macht des Gewissens": „Galileis Gegner begannen sich zu formieren. An der Spitze standen zu Beginn keineswegs nur die Vertreter der Kirche. Wieder waren es die Professoren der Universitäten, die gegen Galilei zu Felde zogen!"
Weiter Fischer Fabian: „Der Fall Galilei war nichts anderes als die Auseinandersetzung zwischen der neuen Wissenschaft und der in überlebten Traditionen erstarrten alten Wissenschaft und Kirche, die den Menschen in dem Augenblick aufzuhalten versuchte, da er sich an das Kühnste seiner Abenteuer wagte: Die Entdeckung, besser: die Erkennung des Universums."
Fischer Fabian fährt fort: „Dass Galileis Widersacher nicht leicht zu überzeugen sein würden, damit hatte er gerechnet, doch nicht damit, dass sie sich jeder Logik und jedem Augenschein „verweigerten"."

Fischer Fabian fährt fort, Galilei zitierend (die eigenen Kollegen betreffend): „Dumpfe Talarträger, die das leere Stroh immer wieder dreschen."
Und an Keppler schrieb Galilei: „Was sagt Ihr zu den hier Ton angebenden Philosophen und Wissenschaftlern, denen ich mehr als tausendmal angeboten habe, ihnen meine Entdeckungen zu zeigen, die aber mit der müden Trägheit eines vollgefressenen Reptils, nie dazu bereit waren. Wahrhaftig: Wie die Schlangen keine Ohren, so haben diese Männer keine Augen für das Licht der Wahrheit!
Sie sahen einfach nicht, oder sie sagten, wenn sie etwas gesehen, das seien nur Spiegelungen, Reflexe, Augentäuschungen, oder sie lehnten es von vornherein ab, einen Blick auf die Arbeit zu werfen."

Weiter Fischer Fabin: „Zu spät kam Galilei zu der Erkenntnis, dass es sinnlos ist, Ignoranten bekehren zu wollen, anstatt sie früher oder später in den Pfuhl ihrer eigenen Dummheit stürzen zu sehen."
Fischer Fabian zitiert weiter Galilei: „Mit unsäglichem Widerwillen bin ich nun so weit, zu bereuen, was ich alles unternommen habe.
Wie unfruchtbar die aufgewendete Mühe, wie vergeudet die Zeit!
Ich glaube, dass es in der Welt keinen größeren Hass gibt, als den der Unwissenheit gegen das Wissen." So weit Fischer Fabian über Galilei.
Um nicht dasselbe Schicksal wie G. Bruno zu erleiden (Scheiterhaufen), musste Galilei abschwören: Dazu weiter Fischer-Fabian: „Galilei, angetan mit dem härenen Gewand des Büßers kniet nieder und verliest die vom Gericht verfasste Schwurformel:
„Ich schwöre ab, verwünsche und verfluche mit redlichem Herzen und nicht erheucheltem Glauben alle diese Irrtümer und Ketzereien. So wahr mir Gott helfe und diese seine heiligen Evangelien, die ich mit den Händen berühre." Zitat Ende.

Weiter Fischer Fabian: „Papst Urban hat den Fall Galilei als den größten Skandal der Christenheit bezeichnet.
Einen Gelehrten um die Mitte des 17. Jahrhunderts unter Todesdrohung schwören zu lassen, dass die biblische Ausdrucksweise die Grundlage für Kosmologie und Astronomie ist und bleibt, war eine Beleidigung der Wissenschaft.
Die durch Galilei gegründete Naturwissenschaft wurde aus dem Tempel gejagt, die verhängnisvolle Trennung zwischen Forschung und Kirche, Wissen und Glauben nahm ihren Anfang. (oder nahm sie ihren Fortgang?).
Es war, wie so oft in der Geschichte, und das ist tröstlich, auch wenn es altmodisch klingen mag:
Man kann einen Menschen mundtot machen, die Wahrheit wird weiterleben."
So weit der Historiker Dr. Fischer Fabian, zitiert aus dem Buch „Universum" von H. U. Wolter.

Ich habe das Gefühl, es geht vielen Wissenschaftlern, die Neues entdeckten, so ähnlich wie auch Galilei (z. B. Halton Arp, H. U. Wolter, H. J. Fahr u.a.).

Weitere Zitate aus dem Buch „NO BANG" von H. U. Wolter:
Der große Wissenschaftsjournalist J. Horgan und sein Bestseller: „End of Science"
Hier nun also die Aussage von dem Wissenschaftsjournalisten Dr. John Horgan, Mitglied der Redaktion von „Scientific american". Er schrieb den Bestseller „End of Science".
Dr. Horgan war auch Teilnehmer und Beobachter beim Nobel-Symposium 1990 in Nordschweden. Hier ging es um die großen Fragen und Probleme der Kosmologie und Astrophysik.
Dr. Horgan fragt: „Wäre dies das Ende der Urknall-Theorie? Von den Teilnehmern des Nobel-Symposiums möchte keiner ihr den Todesstoß versetzen.
Manch anderer Wissenschaftler aber würde nicht zögern:
Halton Arp am MPI für Astrophysik in München bestreitet, dass die Rotverschiebung an den Galaxien notwendigerweise von der Expansion des Weltalls herrührt." Zitat Ende.

John Horgan lässt uns einmal hinter die Kulissen des astronomischen Wissenschaftsbetriebes schauen.
Er schreibt weiter in „Scientific american": „Mehr als 30 der renommiertesten Astronomen und Physiker haben sich in der Weltabgeschiedenheit Nordschwedens zu einem Nobel-Symposium über die Entstehung und Frühentwicklung unseres Universums zusammengefunden."

J. Horgan stellt die wichtigsten Wissenschaftler in seinem aufschlussreichen Bericht vor, in dem er auch die skeptischen Astrophysiker zur Wort kommen lässt.
Horgan zitiert u. a. Prof. L. M. Krauss von der Jale-Universität USA, der mit Recht nicht akzeptieren will, dass die Galaxien und Galaxienhaufen „zufälligerweise" genau **so viel** Masse und Ausdehnung besitzen, dass sie sich weder mit dem expandierenden Universum auflösen noch durch die Gravitation zu einem gigantischen schwarzen Loch „zusammenschnurren".

Weiter Prof. Krauss: „Die Wahrscheinlichkeit, dass unser Universum genau die richtige Masse hat, um das Gleichgewicht der Galaxien aufrechtzuerhalten, ist genau so groß, wie **die**, auf Anhieb die exakte Zahl der Atome in der Sonne zu erraten!" So weit Prof. Krauss, zitiert von Dr. Horgan.

Man erkennt, Prof. Krauss und Dr. Horgan haben völlig Recht mit ihrer Skepsis.

Einstein und Newton gehen ebenfalls davon aus, dass unser All seit unendlicher Zeit besteht und sich in einem Gleichgewicht befindet.
D. h., keine endgültige Auflösung des Alls zu Nichts! D.h. auch, Widerstand unserer größten Physiker gegen das Standard-Modell!

Einstein erklärt auf die Aussagen Newtons gestützt:
„Denn jeder Prozess, der das Universum oder die Galaxien wesentlich verändern oder zerstören könnte, sei es durch die Expansion des Universums oder sei es durch die Gravitation, die in Richtung „unendliche Konzentration" (schwarzes Loch) wirken würde, hätte die Veränderung – ganz gleich wie langsam – bereits vollbracht.
Jedoch das Universum und die Galaxien existieren nach wie vor in ihrer grandiosen erkennbaren Schönheit." Ende des Zitats.

D. h. also, niemand kann – und braucht – die Atome in der Sonne zu „erraten" (siehe Prof. Krauss), wenn er statt angeblichen Urknall und angebliche Expansion des Universums, ein natürliches Gleichgewicht des Universums voraussetzt und zu Grunde legt.
So weit aber wollten die 30 renommiertesten Astronomen und Physiker in Nordschweden natürlich nicht gehen (dem Urknall den Todesstoß geben).

Auch Prof. N. Turok aus Princeton nicht? (Oder **doch**?).
Dr. J. Horgan zitiert Turok folgendermaßen: „Es gehört doch eine unerhörte Portion Unverfrorenheit dazu, zu glauben, das Universum ließe sich durch eine simple Theorie (wie z. B. die Urknalltheorie sowie einige mathematische Formeln und Gleichungen) beschreiben!"

So weit Prof. Turok.

Ich frage den Meister: „Was meinen Sie zu diesen Aussagen?"
Wolter erklärt: „Wie gesagt, die bedeutendsten Wissenschaftler, Denker und Weisen, bis 2500 Jahre vor unserer Zeit – Männer wie Aristoteles, Demokrit, Anaximander, Aristarchos, und Descartes, - aber auch die anerkannten Physiker wie Newton und Einstein waren der Auffassung: „Das Universum ist ewig und unendlich!"

D. h.: Das Universum – also **ohne** einen Urknall und **ohne** Expansion und **ohne** einen für uns Menschen erkennbaren Anfang und Ende." So weit Wolter.

Wolter weiter:
„Hier ein weiterer Todesstoß für das Standard-Modell: Einstein wird von Prof. J. Silk Oxford und Prof. J. Barrow in dem Buch „Die asymmetrische Schöpfung" folgendermaßen zitiert:
„1917 stellte Einstein das erste modernere kosmische Modell auf – ein nicht expandierendes Universum.
Als Gegengewicht gegen die Anziehungskraft der Gravitation wählte er nicht die universale Expansionsenergie (Urknall), sondern eine kosmische Abstoßungskraft als Gegengewicht gegen die Gravitation!" So weit die Professoren Silk und Barrow.

Prof. A. P. Lightman ergänzt und bestätigt die zwei vorgenannten Wissenschaftler in seinem Buch „Die neue Kosmologie" Birkhäuser Verlag, Seite 34 mit folgenden Worten:
„Einstein zieht **nie** die Möglichkeit in Betracht, das Weltall könnte von **endlicher** Dauer und in einem Nicht-Gleichgewicht sein! (Wie es das Standard-Modell mit Big-Bang jedoch erklärt). Einstein verwarf somit Friedmanns zeitabhängige Lösung!" Zitat Ende.
Weiter Prof. Lightman: „Newtons Argumentation für ein statisches Universum erscheint in keiner seiner veröffentlichten Arbeiten, sondern findet sich in einem Brief an den Wissenschaftler R. Bentley aus dem Jahre 1692. Newton:
„Wenn sich das Weltall als Ganzes ausdehnen – oder zusammenziehen – würde, müsste es ein Zentrum der Bewegung geben.

Aber gleichmäßig – in einem unendlichen Raum – verteilte Materie besitzt kein Zentrum. Daher muss das Weltall statisch – also im Gleichgewicht – sein!" So weit Prof. Lightman über Newton!

Wolter: „D. h. unsere beiden bedeutendsten Physiker verwerfen die Theorie von Lemaitre und damit das Fundament des Standard-Modells." So weit Wolter.

Ein krasser Widerspruch
Weiter H. U. Wolter:
„Ein harter Todesstoß für das Standard-Modell kommt auch von der angesehenen „Bild der Wissenschaft" vom März 1991, Seite 46: Der Wissenschaftsjournalist Dr. W. Knapp schreibt in seiner Arbeit „Kosmologie in der Krise" über den Astronom Prof. W. Saunders und Kollegen: „Die Astrophysiker stecken in einem Dilemma. Sie müssen eingestehen, dass sie für zwei wesentliche Dinge des Universums keine Erklärung haben:
Die galaktischen Nebelflecke (Galaxien) am Himmel, die jeder Amateurastronom mit seinem kleinen Teleskop im Garten sehen kann.
Sowie die kalte dunkle Materie CDM (cold dark matter), die im Universum vorhanden sein muss (oder soll).
Eine Arbeitsgruppe um den Astronomen W. Saunders in England hat nun eine Arbeit veröffentlicht, nach der das Modell der kalten dunklen Materie nicht mehr haltbar ist:
Die Verteilung der Galaxien im Raum, wie sie der Infrarot-Satellit IRAS gefunden hat, stünde in krassem Widerspruch zu den Voraussagen des CDM-Modells.
Vor allem viele große Galaxienstrukturen und Cluster – ähnlich der großen Mauer – sind mit dem Modell nicht vereinbar.
Der Schlag kommt ausgerechnet von der Gruppe, die sich lange vehement für dieses Modell stark gemacht hat.
Ein weiterer Schlag kam vom Satelliten KOBE:
Die Hintergrundstrahlung ist unglaublich gleichmäßig verteilt. Im Urzustand – kurz nach dem Beginn der Welt - zeigen sich nur geringste Fluktuationen, jedoch keine Inhomogenitäten. Geschweige denn solche von der Größe, wie sie für die Bildung von Galaxien und Clustern erforderlich wären.
Wir stehen heute an einem Wendepunkt der Astronomie.

Die bisherigen Ideen waren offenbar falsch!" So weit Dr. Knapp in „Bild der Wissenschaft" und so weit Wolter.

Ich recherchiere weiter und werde fündig beim Wissenschaftsjournalisten D. Overbye.
Er beschreibt die Konferenz der Astrophysiker und Kosmologen in Kona in seinem Buch:
„Das Echo des Urknalls" - „Der Tag, an dem die Expansion des Universums zum Stillstand kam"
Droemer Knaur Verlag, S. 502.
Overbye beschreibt die Auseinandersetzung der bedeutendsten Physiker auf der genannten Konferenz in Kona anschaulich folgendermaßen: „Der Tag, an dem die Expansion des Universums zum Stillstand kam".
„Ich wandte mich an Prof. Yahil. Er räumte ein, dass er nach dem Vortrag immer noch unter Schock stehe! „Sie dürfen die Behauptung der Elementarteilchen-Physiker jedoch nicht als Glaubenssätze nehmen", sagte er, „sie sind die besten Theologen der Welt.
Kaum stürzt ein Gedankengebäude zusammen, fällt ihnen sofort etwas Neues ein. Ich komme aus der Teilchenphysik und weiß, wie einfach das ist!" So weit Prof. Yahil.

Weiter Dr. Overbye: „Als ich Prof. Sandage zögernd folgte, traf ich Dr. Szalays Blick. Er lehnte mit einem Zahnstocher im Mund und dem Daumen im Gürtel lässig an der Wand: „Sind Sie bereit für den Tod der kalten dunklen Materie?", fragte er spöttisch."
Weiter Dr. Overbye: „Langsam ähnelte die Tagung einer verfassungsgebenden Versammlung, auf der alles möglich war. Ich wäre nicht überrascht gewesen, wenn jemand aufgesprungen wäre und die Stady-State-Theorie von Sir Fred Hoyle wieder eingeführt hätte.
War damit das Ende der Friedmannschen Standard-Kosmologie gekommen? Ein Lehrgebäude geriet ins Wanken."
„Die Astronomen auf der Konferenz in Kona", erläuterte mir Prof. Tammann (Schweiz), „hätten die Expansion des Universums über Bord geworfen, wenn Sandage nicht gewesen wäre." So weit Dr. Overbye.

Wolter dazu: „Ich nehme an, dass die Physiker die Expansion des Universums nur all zu gerne über Bord geworfen hätten, wenn sie damals schon eine Alternative gehabt hätten!"

Der Landwirtschaftsmeister Hans Ulrich Wolter hat mehrere Bücher verfasst, u. a. „Universum" und „NO BANG". Das Buch „Universum" hat er am 24.04.1991 auch in seiner Fernsehsendung vorgestellt und erklärt. Viele Bücher wurden daraufhin verkauft. Vier seiner Arbeiten wurden auch in den USA veröffentlicht. Seine wichtigsten Arbeiten sind auf über 2000 Seiten bei Notaren hinterlegt.

Wolter sprach u. a. auch an der Ruhr-Universität Bochum auf Einladung von Prof. Schmitt-Kahler und Prof. Schlosser.
Desgleichen in Garching „Open Questions in Cosmologie" im Beisein von etwa 150 Physikern aus aller Welt.
Des Weiteren im Auditorium der TU München zum Anlass des 70-jährigen Bestehens der Deutschen Forschungsgemeinschaft (DFG). Anwesend waren die bedeutendsten Wissenschaftler Deutschlands und Europas.
Darüber hinaus an der Universität Zürich u. a. im Beisein des Physikers Prof. Tammann.
In Bad Honnef bei Bonn auf Einladung des Physikers Prof. Wolfgang Kundt, ebenfalls ein international besetztes Symposium.
Des Weiteren u. a. Vorträge auch in Bonn (Universität für Astronomie und Astrophysik), in Bruchmühlbach (Pfalz) und in Niederauerbach (Pfalz).

Zeichnungen von H.U. Wolter
(gefertigt vor 1990)

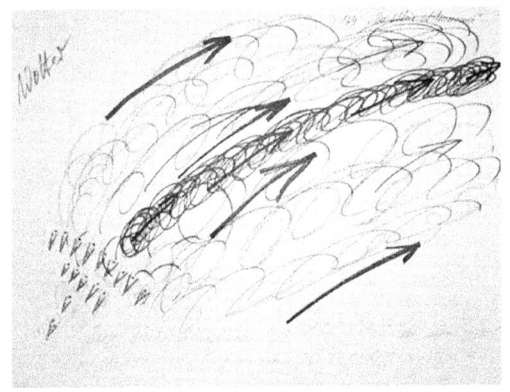

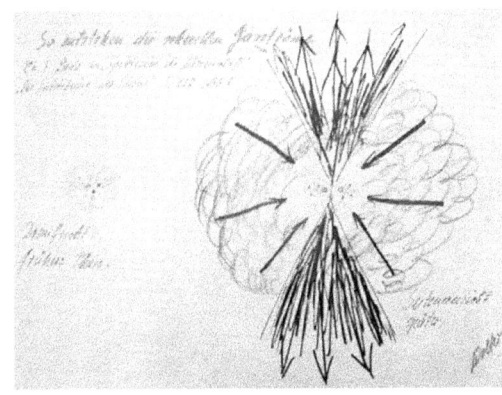

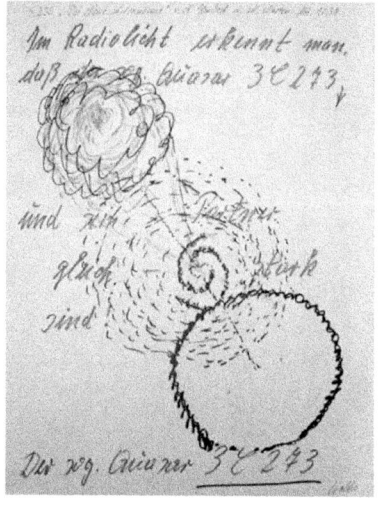

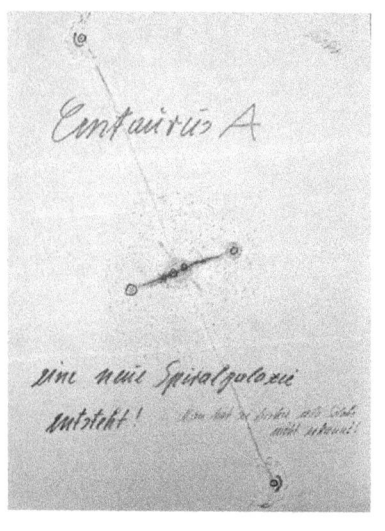

7. Vortrag an der Universität in Bonn

(wesentliche Ausschnitte)

Prof. H. J. Fahr von der Universität Bonn lernte ich persönlich kennen, und zwar am 01.02.2006. Herr Wolter hatte eine Einladung von Prof. Fahr bekommen und sollte einen Vortrag halten. Er fragte mich, ob ich ihn begleiten wolle. Ich sagte zu und war gespannt auf den Vortrag und die Reaktionen der Anwesenden.
Zu bemerken wäre noch, dass Herr Wolter schon über viele Jahre Kontakt mit Prof. Fahr unterhielt und diesem auch einen Teil seiner neuen Erkenntnisse unterbreitet hatte. Prof. H. J. Fahr hatte mehrere Bücher über das Universum und den Urknall geschrieben. Eines seiner Bücher hatte den Titel: „Der Urknall kommt zu Fall."
Prof. Fahr, ein Mann Anfang 60, - er erinnerte mich vom Aussehen her an den Schauspieler Pierre Brice (Winnetou) -, empfing uns sehr freundlich in einem großen Raum des Universitätsgebäudes. Es waren ca. 40 Wissenschaftler anwesend.
Prof. Fahr hielt eine kurze Begrüßungsrede, dann hatte Herr Wolter das Wort.
Dieser betonte gleich am Anfang seines Vortrages, dass sich seine nachfolgenden Erklärungen gegen die „Entstehung des Kosmos aus dem Nichts", also gegen die Standard-Theorie richten und wies darauf hin, dass auf Grund seiner Forschungserkenntnisse – und nicht nur seiner Erkenntnisse – die Urknall-Theorie nicht mehr gültig sein kann.

Nach dieser Einführung konnte man an den Gesichtern vieler Anwesenden erkennen, dass ihnen nicht ganz wohl zu Mute war: Da kommt einer daher, der will von viel revolutionierend Neuem berichten, das **dem** widerspricht, was in den Lehrbüchern steht! Was soll man davon halten? Und außerdem: Wer war der lange, hagere Mann überhaupt?

Exoplaneten, Gezeitenreibung, Annäherung der Himmelskörper
Die sog. „Exoplaneten" – inzwischen über 300 an der Zahl -, die auf sehr engen Bahnen um „ihre Sonnen". kreisen, wurden als erstes Thema angesprochen.

Herr Wolter erklärt:
„Die Wissenschaftler sind sich nach erheblichen Streitereien endlich einig darüber geworden, dass diese Exoplaneten – dort, wo sie sich jetzt befinden -, nach physikalischen Gesetzen gewiss nicht entstanden sein können. D. h., sie können nur weiter entfernt von ihrer Sonne entstanden sein und können danach nur durch die Gravitationskräfte „ihrer Sonne" so nahe an diese „herangezogen" worden sein! So wird es übrigens auch von Prof. Lesch erklärt.

Man glaubte nämlich bisher, dass die Himmelskörper in den unzähligen Sonnensystemen und in den größeren Galaxiensystemen auf weitgehend stabilen Bahnen laufen müssten. Dass die Galaxiensysteme deshalb also seit vielen Millionen und Milliarden von Jahren stabil sein müssten. Und wenn sich **hier** ein Himmelskörper an das Zentrum annähern würde, dann müsste **dort** ein anderer dafür mehr nach außen wandern."
„Wie aber konnten diese Exoplaneten also – entgegen der bisherigen Theorien - so nahe an ihre Sonnen heranrücken?", war die Frage.
Die Antwort Wolters darauf: „Sie können sich nur durch die Gravitationskraft an ihre Sonne angenähert haben!
Man muss also erkennen, dass sich viele, auch sehr große Himmelskörper an ihre Sonnen annähern können.
Und dieselben Gesetze, die in den Sonnensystemen gelten, die gelten natürlich auch in den Galaxiensystemen sowie überall im gesamten Universum. Darüber kann es gewiss keinen Zweifel geben!"

Wolter weiter: „D.h., die Himmelskörper – gleich ob in den Galaxien oder in den Sonnensystemen - nähern sich aneinander an. Die bisherigen Theorien waren also falsch und wir stehen in einem umfassenden Paradigmenwechsel. Newton hatte also Recht, als er in seinem Spätwerk „Optics" erklärte: Die Bewegungsenergie der Himmelskörper geht viel leichter verloren als sie neu gewonnen werden kann!
Man muss nun also erklären, wie der ehemals so starke Bahn- bzw. Drehimpuls – auch Bewegung oder Bewegungsenergie genannt – (der oft mehr als Jupiter-großen Planeten) so sehr vermindert werden kann, dass sie sich an ihre jeweiligen Sonnen annähern können!"
Wolter weiter: „Hier also meine Erklärung: Die Bewegungsenergie der Exoplaneten – auch kinetische Energie genannt – wandelt sich durch die

Gezeitenkräfte und Gezeitenreibung (Reibung erzeugt Wärme) um in die Wärme der unzähligen Atome und Moleküle, aus denen der Exoplanet besteht. Die Wärme in ihnen entsteht durch ihre Vibration, die durch Gezeitenreibung erzeugt wird.

D. h., jeder Himmelskörper wird durch Gezeitenreibung seines Nachbarn abgebremst und heizt sich durch die Reibung – nach diesen kosmischen Gesetzen - auf!

D. h., die Umwandlung von Bewegungsenergie des Himmelskörpers – in hohe Temperaturen – bedeutet gleichzeitig eine Verlangsamung des Himmelskörpers. Und damit auch eine Verminderung der Fliehkraft. Als Folge davon nähert sich dieser Himmelskörper also langsam an seinen Nachbarn an.

Die Moleküle und Atome der Planeten werden durch die Gezeitenreibung „bewegt, angestoßen, gequetscht, gestaucht, beschleunigt und abgebremst". Diese Vorgänge bewirken die verstärkten Vibrationen der Moleküle des Himmelskörpers und dadurch entstehen die höheren Temperaturen.

Oder einfacher ausgedrückt: Der Exoplanet wird durch stärkste Gezeitenreibung bis in das tiefste Innere zunehmend und oft in extremer Weise aufgeheizt!

Und so, wie sich die Bewegungsenergie der Exoplaneten also in Wärmeenergie umwandelt, so wird dieser Himmelskörper also langsamer und nähert sich deshalb entsprechend an seine Sonne an. Denn die Fliehkraft nimmt mit der abnehmenden Bewegungsenergie natürlich ebenfalls ab.

Umgekehrt nähert sich aber auch die Sonne leicht an den Exoplaneten an und wird ebenfalls – je nach dessen Größe - durch Gezeitenreibungen entsprechend aufgeheizt.

Ein Beispiel: Auch die Bewegungsenergie eines Autos wird abgebremst, wenn durch die Bremsung Reibung entsteht und die Bremsscheiben dadurch heiß werden.

Wir sagen: Das Auto wird gebremst. D. h., durch die Bremsung werden die Bremsscheiben und die Umgebung der Bremsen warm. Die Bewegungsenergie des Autos verwandelt sich durch Bremsung und Reibung in gleichviel Wärmeenergie. Es geht also insgesamt keine Energie verloren (Energieerhaltungsgesetz).

D. h., es kann sich also auch nichts zu Nichts auflösen!"

Wolter weiter: „Die logische Folgerung aus dieser einfachen Erklärung: Die großen Galaxiensysteme und kleinen kosmischen Systeme sind **nicht** stabil. Die Himmelskörper nähern sich an das Zentrum des Systems an und heizen sich dabei gegenseitig auf!
Diese neuen Erkenntnisse bei über dreihundert großen und kleinen Sonnensystemen bedeuten also: Ein Umdenken in der Astronomie und Kosmologie muss die Folge sein!"

Ein Gemurmel unter den Anwesenden, aber Prof. Fahr nickt zustimmend mit dem Kopf.

Wie bekommen die Himmelskörper ihre verloren gegangene Bewegungsenergie zurück?
Herr Wolter fährt unbeirrt fort: „Wie bekommen die Himmelskörper ihre verloren gegangene Bewegungsenergie (kinetische Energie) nun wieder zurück? Denn einbahnige Entwicklungen und einbahnige Prozesse gibt es in einem ewigen unendlichen All, das sich in einem dynamischen Gleichgewicht befindet, gewiss nicht!"
Wolters weitere Erklärung: „In meinen Arbeiten über die Gamma-Ray-Bursts habe ich ausführlich beschrieben, wie das Gleichgewicht im All aufrechterhalten wird. Ich möchte hier nur in ein paar Sätzen (sonst reicht die Zeit nicht aus) darauf eingehen:
Die Himmelskörper in allen Sonnen- und Galaxien-Systemen werden durch kosmische Explosionen immer wieder weit in den Raum hinaus geschleudert und damit wieder beschleunigt (Gamma Ray Bursts).
Das geschieht genau so in den Sonnensystemen sowie auch in den gigantischen Galaxiensystemen. In einem System bewegen sich alle Himmelskörper mit ihren Trabanten und Monden um **ein** oder **mehrere** Zentren.
Diese, ihre Bewegungen – meist auf elliptischen Bahnen – sind also eine Folge der Dynamik im Universum.

Alle in den Raum geschleuderten Himmelskörper nähern sich anfangs langsam – und dann immer schneller - wiederum aneinander und an ein neues Masse- und Materie-Zentrum (auch Galaxienzentrum) an.

Alle nach außen geschleuderten Himmelskörper „fliegen" durch den Explosionsstoß = Gamma-Ray-Burst auf bogenförmigen Bahnen in den Raum hinaus. Ihre zukünftigen Bahnen um ein neues Zentrum werden also dadurch elliptische Bahnen sein.

Meine Damen und Herren, damit werden erstmals seit Menschen diese Erde bevölkern, die bisher so rätselhaften elliptischen Bahnen der Himmelskörper stimmig, d. h. mit den physikalischen Gesetzen in Übereinstimmung, erklärt!
Bisher war das trotz aller Forschungsbemühungen nicht möglich!
Also ein gewaltiger Durchbruch in der Astrophysik und Kosmologie! Auch der große Däne und Physiker Tycho Brahe und Johannes Keppler haben sich ihr ganzes Leben lang vergeblich bemüht, diese elliptischen Bahnen der Himmelskörper zu erkennen und zu erklären. Erst allmählich werden die elliptischen Bahnen zunehmend zu kreisförmigen Bahnen.

Durch Gezeitenreibungen - aber auch durch Reibungen in den umgebenden Gas- und Staubmassen – werden sie allmählich abgebremst und „fallen" auf anfangs elliptischen Bahnen in den folgenden Millionen und Milliarden Jahren langsam wieder zum nächsten Massezentrum zurück.
D. h., der Himmelskörper fällt nicht direkt in das Massezentrum hinein, sondern umkreist es auf zunehmend enger werdenden spiraligen Bahnen.
So, wie es uns auch die Exoplaneten anzeigen.
Diese Aussage ist insofern auch für uns und unsere Erde interessant und wichtig, weil in über 99 % aller Fälle die Erde nicht direkt von Himmelskörpern getroffen wird, sondern sich die Himmelskörper oder ihre Trümmer langsam und allmählich auf elliptischen Bahnen an die Erde bzw. Sonne annähern.
D. h., es bleibt noch ausreichend Zeit, um diese „kosmischen Bomben" in den Raum zurückzuschleudern: Es gibt also meist nicht den direkten „Treffer" innerhalb von wenigen Sekunden, wie bisher oft angenommen."

Wolter fährt fort:
„Durch den Explosionsstoß des gewaltigen Gamma Ray Bursts – oder durch eine kleinere kosmische Explosion, wie z. B. die Supernova-

Explosion - bekommt jeder Himmelskörper auch seine besondere Drehung um die eigene Achse.
Desgleichen – wie schon gesagt – auch seine elliptische Bahn um das Explosions-Zentrum.
Diese elliptische Bahn wird durch Gezeitenreibungen und Gezeitenheizungen allmählich abgebremst und zunehmend zu einer fast kreisförmigen Bahn.

Das war auch bei unserer Erde der Fall, die sich in den vergangenen Milliarden Jahren um fast die Hälfte abgebremst hat und auch dadurch im Innern warm bzw. heiß geworden ist!
Damit konnte sich das Leben auf unserem wunderbaren Planeten entwickeln."

Herr Wolter hält einen Moment inne mit seinem Vortrag und ein lebhaftes Gemurmel entsteht. Köpfe werden geschüttelt, Achseln gezuckt. Aber die Herren beruhigen sich schließlich wieder.

Anschließend spricht Wolter über die ***Rotverschiebung und Expansion***
Nach dem Standard-Modell soll die Rotverschiebung der Beweis für „fliehende Galaxien" und ein „expandierendes All" sein.

Herr Wolter erklärt: „Meine Damen und Herren, in dem bekannten Wissenschaftsmagazin „Spektrum der Wissenschaft" wird in der Ausgabe vom Sept. 1993 auf Seite 82 berichtet, dass der bedeutende Physiker Edwin Hubble, der Entdecker der Rotverschiebung, **niemals völlig akzeptierte**, dass man von „seiner Rotverschiebung" auf fliehende Galaxien" und ein „expandierendes All" schließen dürfe.
Dennoch aber wird – wie selbstverständlich und allgemein – behauptet, die von Hubble umfassend bearbeitete Rotverschiebung sei von diesem als der eindeutige Beweis für „fliehende Galaxien" und der Beweis des expandierenden Alls akzeptiert!
D. h., die heutige Erklärung der Rotverschiebung und ihre Interpretation – als den angeblichen Beweis für den Big-Bang und die Expansion - muss neu auf den Prüfstand gestellt werden!"

Diese Aussage Wolters war offenbar „scharfer Tobac" für die Zuhörer.

Dies war wohl der Gipfel, denn eine solche Behauptung musste doch alles in Frage stellen, was mit der Urknall-Theorie zusammenhing!
Wiederum entstand Unruhe im Saal und erst als Prof. Fahr erklärte, dass E. Hubble tatsächlich nie „fliehende Galaxien" akzeptiert hatte, gab es wieder eine angespannte Ruhe im Saal.

Was sollte H. U. Wolter auch sonst erwarten? Zustimmung etwa?
Sollten die Professoren, die, gestützt auf die Lehrbücher den Studenten Gegenteiliges beigebracht hatten, etwa sagen:
„Ja, Herr Wolter, Sie haben Recht. Auf einen Mann wie Sie haben wir schon lange gewartet!
Sie halten einen Vortrag, der unsere ganze Arbeit – oder einen Großteil davon – in Frage stellt! Wir haben brav und fleißig unsere Lehrbücher studiert und an deren Inhalt geglaubt!

Und was hätte es uns gebracht, wenn wir die Big-Bang-Theorie angezweifelt hätten? Wir hätten vielleicht dann unseren Arbeitsplatz, d. h. unsere Existenz verloren und wären als Querulanten hingestellt worden!"

Nein, das konnte man wohl kaum von den Wissenschaftlern erwarten!

Wolter – nachdem wieder einigermaßen Ruhe eingekehrt war -, fährt fort:
„Hubble wird wahrscheinlich ganz selbstverständlich vorausgesetzt haben, dass diese Rotverschiebung durch dunkle kosmische Gas- und Staubmassen verursacht wird. Dies ist nämlich die einfachste und überzeugendste Erklärung der Rötung aller kosmischen Objekte, und dies wird auch immer mehr durch neue, umfangreiche Beobachtungen bestätigt.

Die heute vorherrschende Theorie: „Rotverschiebung durch angeblich schnelles Fliehen" aller kosmischen Objekte ist äußerst zweifelhaft und problematisch und mit seriöser Wissenschaft kaum in Übereinstimmung zu bringen!
Denn zu viele neueste Beweise und Beobachtungen sprechen in eindeutiger Weise dafür, dass die Rötung = Rotverschiebung des Lichts durch

dunkle Gas- und Staubmassen (dunkle kosmische Wolken aus Gas, Staub und Plasma aller Arten) verursacht wird!"

Hans Ulrich Wolter erklärt weiter: „Ich habe auch die einfache Erklärung der so extrem hoch rot verschobenen Quasare gelöst. Am 24. 04. 1991 wurde dies – zusammen mit dem Buch „Universum" - in der Fernsehsendung „Sonde-Technik-Wissenschaft" in Baden-Baden veröffentlicht." Weiter Wolter: „ Jeder kann sich mit mir in Verbindung setzen und meine Bücher bestellen oder die Video-Kassette aus „Sonde-Technik-Wissenschaft" ansehen.

Da ist der einfache Beweis, dass die Sonnenstrahlen, wenn sie morgens und abends schräg – d. h. weit – durch die Atmosphäre der Erde laufen müssen, die Sonne rot erscheinen lassen.
Eben weil sie durch die Atmosphäre der Erde (Gas und Staub) abgebremst werden! Eine andere Erklärung ist nicht möglich, denn die Sonne entfernt sich nicht von der Erde!

Ähnlich ist es auch im All:
Es soll im All etwa bis zu 200 Milliarden Galaxien geben. Jede dieser Galaxien ist von umfangreichen dunklen Gas- und Staubwolken umgeben.
Je weiter die Objekte im All entfernt sind, umso mehr erscheint ihr Licht rot verschoben.
Das ist leicht verständlich, denn je weiter die Galaxien von unserer Erde entfernt sind, umso mehr dunkle andere Galaxien – mit ausgedehnten dunklen Gas- und Staubmassen um jede Galaxie herum – schieben sich zwischen Erde und die entfernten Galaxien und „bremsen" damit deren Licht ab (Rotverschiebung!).

Und wie wollte man wohl die etwa 300 Milliarden Sonnenmassen einer durchschnittlich großen Galaxie wie der unseren - oder einer anderen - auf so gigantische Geschwindigkeiten beschleunigen, mit denen diese gewaltigen Galaxien angeblich – mitsamt dem gesamten All - zunehmend schneller und schneller „fliehen" sollen?

Den sog. Big-Bang aus dem Nichts sowie die Beschleunigung „aus dem Nichts" aber setzt das Standard-Modell –wie selbstverständlich – voraus. Aber nicht nur diese Beschleunigung, sondern auch noch die Entstehung von etwa 200 Milliarden Galaxien „aus dem Nichts" setzt sie voraus!"
Wolter weiter: „Die angebliche Flucht im gesamten All gibt es überhaupt nicht! Das wird auch von fast allen Galaxien in den Clustern bestätigt. Denn das Hubble-Teleskop weist eindeutig und ohne Zweifel nach, dass die Galaxien in den Clustern ebenfalls nicht fliehen.
Fast alle Galaxien sind Mitglieder in einem der vielen Milliarden Galaxienhaufen. D. h., sie fliehen also nicht!
Ihre Rotverschiebung entsteht durch dunkle Gas- und Staubmassen." So weit Wolter.

Ich denke bei mir: „Wolter überfordert diese Menschen hier im Raum total mit seinen neuen Erkenntnissen! Und auch ich hatte das Gefühl, mir platzt gleich der Schädel bei all diesen neuen Offenbarungen. Er hätte besser mehrere Vorträge aus diesen ganzen Themen machen sollen."
Auch die Wissenschaftler hatten offenbar Mühe, den Worten von H. U. Wolter zu folgen.

Wolter fährt fort:
„Es gibt viele konzentrierte, sog. elliptische Galaxien, die kaum Licht aussenden.
„Kurz" vor einem Gamma Ray Burst ist das der Fall!

Nach einer Gamma-Ray-Explosion, die aus einer alten elliptischen Galaxie eine neue Galaxie entstehen lässt (siehe „Sonde-Technik-Wissenschaft" vom 24.04.1991), ist diese neue und junge Galaxie während der ersten Millionen bzw. Milliarden von Jahren ebenfalls völlig dunkel. So lange, bis neue Sonnen aus ihren Gas- und Staubmassen entstehen, die sie zu einer hell leuchtenden, spiralförmigen oder spiralähnlichen Galaxie machen.
Eine andere Erklärung ist nicht möglich und wurde inzwischen von vielen Beobachtungen bestätigt!"
Weiter der Meister:
„Manche Physiker, denen die Entstehung aus dem Nichts zu suspekt ist, fragen zu Recht: Aber was war **vor** dem Big-Bang??

Und sie meinen, sie könnten sog. „Energie-Fluktuationen" einfach so „aus dem Hut zaubern" und irgendwie noch **vor** den Big-Bang „ansiedeln".

Dann müssten sie nun jedoch erklären, **wie** solche Energie-Fluktuationen entstehen können!
Und wie dann daraus wieder ein Big-Bang entstehen sollte??
D. h., die Probleme bleiben dieselben wie beim Big-Bang (Entstehung aus dem Nichts). Das Problem ist nur weiter zurück in die Vergangenheit verlagert worden und es ist keine Lösung in Sicht. Die einzige Lösung ist nur Newtons ewiges, unendliches Universum".
(Siehe hierzu auch die Aussagen von Prof. M. Bojowald in „Spektrum der Wissenschaft" vom Mai 2009 – auch schon zitiert in diesem Buch).

Wolter weiter:
„Den Urknall kann man bis heute nicht nachweisen, ebenso wenig die Entstehung aus dem Nichts!
Und aus dem Urknall soll angeblich die Expansion des Alls und die Beschleunigung der Galaxien und Himmelskörper entstanden sein."

„Aber meine Damen und Herren", erklärt Wolter weiter, „Sie müssen doch zugeben, dass hier etwas nicht stimmen kann!!"
Prof. Fahr nickt zustimmend mit dem Kopf, die übrigen Besucher verhalten sich still. Sie wissen einfach keine Antwort auf diese offensichtlichen Widersprüche im Standard-Modell.

Unbeirrt setzt Wolter seinen Vortrag fort mit den Worten:
„Ich möchte mich in diesem Zusammenhang auf den großen Wissenschaftler W. Olbers berufen (siehe Olbers-Paradox).
Olbers fragt zu Recht: „Warum ist der Nachthimmel dunkel?"
Die Antwort kann nach neuesten Beobachtungen nur lauten: „Weil es eben – wie schon erklärt – **mehr** und umfangreichere dunkle, gewaltig ausgedehnte Gas- und Staubmassen im All gibt als helle Sonnen und Galaxien! Auch hier ist eine andere Erklärung nicht möglich! Denn wenn es anders wäre und es nicht die vielen dunklen Materiemassen im All geben würde, dann müsste der Nachthimmel sonnenhell sein! Das ist jedoch nicht der Fall, wie sich jeder selbst überzeugen kann! Am Tag aber ist es

hell, weil sich die Erde um die eigene Achse dreht und die Sonne immer die halbe Erde bescheint.

Ein weiterer Beweis, dass die Erklärung der Rotverschiebung von Hubble **so** zu verstehen ist, wie ich es beschreibe, zeigt das Forschungsergebnis des großen Physikers Halton Arp aus München, der mit seinen Beobachtungen sehr exakt nachweist, dass auch sehr hoch rot verschobene Quasare – wie mit einer Nabelschnur aus Gas- und Staubmassen – mit relativ nahen – wenig rot verschobenen – Galaxien verbunden sind. D. h., die Quasare sind relativ kleine Ableger aus dieser nahen Mutter-Galaxie, wie ich in Baden-Baden mit meiner sehr genauen Erklärung der Quasare bestätigen konnte!"

Wieder nickt Prof. Fahr zustimmend mit dem Kopf.
Herr Wolter spricht weiter und seine braunen Augen funkeln:
„Da alle diese Beweise und Beobachtungen beachtet werden müssen und die Rotverschiebung also nur als Folge von dunklen Gas- und Staubmassen zu erklären ist, so bedeutet das: Die Rotverschiebung zeigt nicht „fliehende Objekte und Galaxien" und nicht ein „expandierendes All" an, wie bisher angenommen wurde.

Oder nehmen wir unsere Nachbargalaxie M 31: Diese nähert sich – ohne dass ein Zweifel möglich ist – an unsere Galaxie an. D. h., sie „flieht" nicht, wie das Standard-Modell es fordert. D. h. auch, die gigantische M 31 sowie unsere Galaxis widerlegen das Urknall-Modell, nach dem sich alle Galaxien voneinander entfernen sollen.
Fast alle Galaxien sind Mitglied in einem Galaxien-Cluster, von denen es ebenfalls Milliarden gibt. Cluster, in denen unterschiedlich viele Galaxien zusammengeschlossen sind:
Mal wenige, mal Dutzende, mal Tausende. Unsere Galaxie gehört zu einem Galaxienhaufen von etwa 40 Galaxien, die durch Gravitation aneinander gebunden sind.
Oft kreisen die Galaxien um eine gigantische, sog. „Spindelgalaxie".

Und nun der exakte Beweis, dass der große Edwin Hubble Recht hatte, als er **nie** völlig akzeptierte, dass man von „seiner Rotverschiebung" auf fliehende Galaxien und ein expandierendes All schließen dürfe: Das nach ihm benannte Hubble-Space-Teleskop beweist, dass die Galaxien in den Galaxienhaufen **nicht** voneinander fliehen. (Siehe „Spektrum der Wissenschaft" 09/93, Seite 82!). Siehe auch die Galaxis M 31 und unsere Galaxis!

Das alles hat das Hubble-Teleskop sehr exakt und genau nachgewiesen! Und darüber gibt es bei den etablierten Physikern auch keinen Zweifel!

Nun müssen diese nur noch die Konsequenzen aus diesen revolutionierenden kosmischen Fakten und Realitäten ziehen.
Diese Konsequenz heißt also nun: Die Galaxien fliehen nicht! Es gibt kein expandierendes All!

Jede Gamma Ray-Explosion wird gigantische Gas- und Staubmassen erzeugen (durch $E = mc^2$-Prozesse). Gas- und Staubmassen, die auf Grund der gigantischen Explosion des Galaxien-Zentrums (Gamma Ray Burst) von diesem weg, weit ins All geschleudert werden (der größte nachweisbare $E = mc^2$-Prozess im All).
Näheres darüber können Sie in meinem neuen Buch „NO BANG" nachlesen!"

Wolter fragt: „Wie aber könnte diese revolutionierende Erklärung mit dem Standard-Modell in Einklang gebracht werden?
Die Antwort lautet: „Überhaupt nicht, es sei denn, man vergleicht die gewaltige Explosion einer Galaxie mit dem Urknall. Deshalb nenne ich auch diese Explosion „Little-Bang".
Diese revolutionierenden Fakten und Realitäten können nun als Folge der immer besseren Beobachtungen mehr und mehr erkannt werden.
Damit ist der bisherige Beweis für den angeblich „einmaligen" Big-Bang gestorben!"

Wolter weiter:
„Meine Damen und Herren, wir müssen also folgendes zur Kenntnis nehmen:
Lemaitres Urknall-Idee ist offensichtlich falsch!

Die gesamte Astrophysik ist somit auf falschen Voraussetzungen aufgebaut!
Es muss ein Umdenken wie zu Kopernikus und Galileis Zeiten erfolgen!"
So weit Wolter.

Man hört die Spannung im Saal an der Uni in Bonn knistern, als Wolter fortfährt:
„Um das Standard-Modell und den Big-Bang noch irgendwie zu retten, musste nun also auch noch eine sog. „dunkle Materie" erfunden werden, die mit ihrer angeblichen Gravitationskraft die angebliche Flucht der Galaxien in den Clustern verhindern sollte. Denn anders konnte man nicht erklären, warum die Galaxien in den Clustern **nicht** fliehen.
Eigentlich sollten doch **alle** Galaxien - nach dem Urknall-Modell – fliehen!

Diese sog. „Exotische dunkle Materie" kann man jedoch, wie bereits beschrieben, **nicht** nachweisen. Sie musste dennoch – und gegen alle Regeln einer seriösen Wissenschaft – **herangezogen** werden.
Um diese „Galaxienbremsung" zu erreichen, erklärte man anfangs: 99 % aller Materie im All müssten also Exotische dunkle Materie sein. Um **so** zu erklären, **warum** die Galaxien **nicht** fliehen!
Diese 99 % reduzierte man plötzlich auf nur 90 %!
Diese Exotik sollte nun angeblich die Flucht der Galaxien mit ihrer Gravitationskraft verhindern. Inzwischen ist man jedoch bei nur noch 23 % Exotischer dunkler Materie angekommen, die die Galaxien bremsen sollen. (Motto: Wie hätten wir`s denn gerne?
Denn anders sind solche „exotischen Sprünge" - von 99 % auf 23 % - natürlich nicht zu verstehen!).

Viele Wissenschaftler haben wohl inzwischen die Absurdität dieser und anderer Erklärungsversuche erkannt! Deshalb verschweigt man inzwischen oft diese „nicht fliehenden" Galaxien in den Clustern und spricht einfach nicht mehr über diesen eindeutigen Beweis, der zeigt, dass die Galaxien – trotz Rotverschiebung – eben nicht fliehen!!"

Wolter weiter:

„Ich bin mal gespannt, ob die Medien den Mut haben, diese meine Erklärungen zu veröffentlichen, um damit den großen lang erwarteten Paradigmenwechsel – das Umdenken – einzuleiten.

Sie müssen doch zugeben, meine Herren, dass jedes Kind leicht erkennen kann, dass die bisherigen Theorien nicht stimmen können!
In Andersens Märchen „Des Kaisers neue Kleider" ruft ein Kind mutig: „Aber der Kaiser ist ja ganz nackt!"

„So muss ich als Agraringenieur und Landwirtschaftsmeister nun also ebenfalls rufen: „Aber die Rotverschiebung zeigt ja gar keine „fliehenden Galaxien" an!"
Und jeder, der diese einfachen Wahrheiten hört, kann selbst erkennen:
Wenn es keine Flucht gibt, so ist auch die Big-Bang-Theorie gegenstandslos geworden!"

Der Urknall kommt zu Fall
Wolter baut die im Saal herrschende Hochspannung ab, indem er auf ein anderes, ebenfalls brisantes Thema eingeht. Er erklärt: „Prof. Fahr hat u. a. die Bücher geschrieben: **„Universum ohne Urknall" und „Der Urknall kommt zu Fall".**
Prof. Fahr hat also richtig erkannt, was Sache ist.

Ich gehe noch einen Schritt weiter als er und erkläre:
„Der Urknall – Big-Bang - ist bereits zu Fall gekommen.
Ich werde deshalb Prof. Fahr für den Nobelpreis vorschlagen."

Die Wissenschaftler im Saal sind zuerst einmal wie gelähmt. Dann aber gibt es tosenden Applaus für ihren Kollegen Prof. Fahr.
Ich kann diesen Beifall nur **so** verstehen, dass man das herrschende Dilemma in der Kosmologie endlich richtig erkennt und Prof. Fahr's mutige Erkenntnis mit zustimmendem Applaus honoriert.
Man erklärt mit dieser lautstarken Zustimmung: „Der Big-Bang kommt zu Fall!"
Mehr und besseres konnte Wolter, der Außenseiter, wohl mit seinem Vortrag an diesem Tag in Bonn nicht erwarten!
Man sieht es an seinem Gesichtsausdruck an, dass er zufrieden ist.

Er sieht dies wohl zu Recht als Durchbruch **gegen** den Big-Bang und das Standard-Modell an.

Wolter weiter:
„Für den großen Beschleuniger der Europäer mit Namen LHC, der u. a. diese dunkle Materie nachweisen soll, braucht man noch viele weitere Tausend Millionen Euro und Dollar. Sie müssen zu den bisher verbauten 6000 Millionen Euro (6 Milliarden) hinzukommen (so der Spiegel). Das zeigen die neuesten Kalkulationen nach den aufgetretenen verheerenden Pannen und Reparaturen.
Die Steuerzahler werden es „richten" müssen. Wenn nicht, dann wird dies die teuerste Bau-Ruine, die es je auf Erden gab!
In den USA steht bereits eine solche Ruine, wohl gut für Waschbären, Fledermäuse, Ratten und Füchse!
Aber gleich, ob 23 % oder 99 % aller Materie im All dunkle Materie sein soll, bisher hat man seit Jahrzehnten eben noch kein Atom dieser „Exotik" nachgewiesen!

So einfach und überzeugend kann also eine seit fast 100 Jahren bestehende Standard-Theorie durch nicht nachweisbare dunkle Materie ad absurdum geführt werden!
Jeder aber darf nun gespannt sein, wie schwierig – oder gar unmöglich – es sein kann, dass daraufhin also wirklich ein allgemeines Umdenken erfolgt: Recht haben und Recht bekommen, das ist doch wohl nach wie vor ein erheblicher Unterschied (siehe alle die genannten Wissenschaftler von W. Freedman bis Fahr, Arp und Einstein!).

Prof. H. J. Fahr sagt es richtig: „Der Urknall kommt zu Fall!"
Prof. Wendy Freedman erklärt am 22.11.02 in Pasadena: „Wir brauchen eine neue Physik. Die bisherigen Theorien sind endgültig zusammengebrochen!"

Den großen Physiker Newton wollte man am Beginn des 20. Jahrhunderts nicht mehr akzeptieren, u. a. wohl auch deshalb, weil er in seinem Spätwerk „Optics" zu Recht gefordert hatte: „Schließlich ist ein **Schöpferimpuls**" vonnöten, um den Himmelskörpern neue Bewegungsenergie zu vermitteln!" Zitat Ende.

Weiter Wolter:
„Schöpferimpuls aber schien für die meisten Wissenschaftler unannehmbar.
Erst jetzt, etwa 82 Jahre nach Lemaitres Big-Bang merkt die wissenschaftliche Gemeinschaft allmählich, dass sie sich geirrt hat.
Niemand weiß, wie man mit heiler Haut aus diesem „Gigant-Dilemma" herausfinden kann. Das ist auch deshalb so schwierig, weil man sich inzwischen über 80 Jahre lang für die Big-Bang-Theorie und die Expansion stark gemacht hatte.

Wenn die westliche Welt und westliche Wissenschaft jedoch nicht in der Lage ist, umzudenken, dann kommt eine neue bessere Physik vielleicht aus Russland oder aus Fernost und die Demokratien müssten dann vielleicht mal von dort das Neue lernen!?"

„Oje", denke ich, „das alles ist aber scharfer Tobak, was den Wissenschaftlern hier in Bonn zugemutet wird", und ich wundere mich, dass sie dies alles so ruhig „schlucken".

Ich sprach später mit Prof. Fahr darüber und er bestätigte mir lächelnd, dass er es ähnlich empfunden hatte.

Dann fasst der große Alte seine neuen Erklärungen in wenigen Sätzen zusammen und fährt fort: „Wenn man von falschen Voraussetzungen ausgeht, muss alles natürlich falsch werden, was man versucht, darauf aufzubauen!

Richtig ist, dass wir Menschen nicht wissen, wie etwas aus „dem Nichts" entstehen kann.

Solange wir das nicht wissen, müssen wir – wie Newton – davon ausgehen, dass das All –genauso wie wir es auch bezüglich eines Schöpfers voraussetzen – ewig und unendlich ist.

In dieser wunderbaren und tröstlichen Unendlichkeit, die auch Raum hat für unendlich sich immer wieder verjüngendes Leben, gibt es nach $E = mc^2$ auch die ewige Erneuerung der Materie, die immer wieder aus Energie ausflockt. Diese Materie rieselt in Form von Gas und Staub auf Himmelskörpertrümmer hernieder und bildet damit neue Monde, Planeten und Sonnen!"

Und Wolter fährt fort, indem er die Stimme hebt: „Diese großen und kleinen Himmelskörper sind mit Hilfe der noch nicht erklärbaren Gravitationskraft zu den gigantischen Gebilden zusammengeschlossen, die wir Galaxien nennen und die wir mit dem Hubble-Teleskop noch in großen Entfernungen erkennen.

Im Zentrum der Galaxien werden die Himmelskörper und Sonnen sich mit $E = mc^2$-Prozessen zu Plasma und Energie umwandeln und das Zentrum der Galaxie so stark aufheizen, dass es schlagartig explodieren kann (Gamma Ray Burst). Dieser Vorgang wurde in meiner Fernsehsendung „Sonde-Technik-Wissenschaft" bis in die Details erläutert.

Das also ist der **Schöpferimpuls**, nach dem Newton suchte! – **Der „andere" Urknall!**
Die Himmelskörper und Sonnen werden dadurch wieder in den Weltraum geschleudert und bilden mit vielen dunklen Gas- und Staubmassen, die ebenfalls mit dem Schöpferimpuls (Gamma Ray Burst) aus der Explosionsenergie „ausflocken", die verjüngte Galaxie!
Die neue Galaxie, in der sich sofort wieder neues Leben aus unempfindlichen, stabilen Lebenskeimen weiterentwickelt.
Sogar auch bis hin zu sog. intelligentem Leben, für das wir Homo Sapiens der Beweis sind.

Neues Leben und eine neue Galaxie – neue Sonnen und neue Planeten - , so neu und schön und einmalig, als ob sie gerade einem kosmischen Jungbrunnen entstiegen wären!"

Wolter hält fast erschöpft inne.
Ich beobachte die Forscher und Wissenschaftler im Saal: Der Vortrag ist lang und anstrengend, bis jetzt dauert er schon fast eineinhalb Stunden. Aber alle horchen sie gespannt und sehr aufmerksam bis zum Ende zu.
Der Hund Einstein war wohl der Einzige, der während der ganzen Zeit fest geschlafen hat.

Ich denke bei mir: „Vielleicht hat der Alte ja irgendwelche hypnotischen Fähigkeiten!?"

Und dann kommt Wolter endlich zum Ende seines Vortrages: Verbeugt sich leicht und erklärt – nein es hört sich eher wie eine Proklamation an, als er sagt: „Ich freue mich, dass ich die bessere Erklärung für die großen Zusammenhänge im All – die Alternative zur Urknall-Theorie - gefunden habe."
Er fährt fort: „Diese Erklärung wurde 1991 u. a. im Fernsehen und in den USA veröffentlicht!
Sie ist bisher nicht widerlegt worden, und solange das so ist, gilt sie ab diesem Zeitpunkt eben als die offizielle Erklärung der großen Zusammenhänge im All.
Ich danke Ihnen für Ihre Aufmerksamkeit!"

Wieder gibt es Beifall. Manche Gesichter sind blass, andere rot. Viele der Anwesenden sind gestandene Wissenschaftler und Forscher – wie auch H. J. Fahr – und fast alle haben sie applaudiert, als Wolter Herrn Prof. Fahr und seine Werke: „Der Urknall kommt zu Fall" und „Universum ohne Urknall" hervorhob und lobte.

Ich hätte eher Buh-Rufe und Missfallensbekundungen erwartet, schaue auf Wolter, um seine Reaktion auf den Beifall zu erkunden:
Der hagere große Mann mit dem weißen Vollbart ist gerührt, ich meine, er hätte feuchte Augen. Und er schüttelt Prof. Fahr lange die Hände.
Und da steht er nun, der Landwirtschaftsmeister Hans Ulrich Wolter, ohne Doktoren- und ohne Professorentitel und hat in seinem Vortrag erklärt, dass die Arbeiten der etablierten Wissenschaftler null und nichtig sind, da man von falschen Voraussetzungen ausgegangen sei.

Und er, der einfache Mann behauptet, dass er die gültige Erklärung für die Zusammenhänge im All hat!

Ich denke bei mir:

Alles, was im Vortrag gesagt wurde, war wohl revolutionierend anders, als die Anwesenden es gewohnt waren und konträr zu **dem**, was in ihren Lehrbüchern steht!
Dennoch haben sie Beifall gespendet.
Die Physiker sind an sich dafür bekannt, dass sie diskussions- und kampflustig sind.
Diese Regungen aber haben sie hier in Bonn unterdrückt.

Es werden wohl auch viele darunter gewesen sein, die denken - wie ich selbst auch - dass man die Aussagen von Herrn Wolter nicht einfach ignorieren kann. Stattdessen sollte man darüber nachdenken und diskutieren, damit eine Chance besteht, zu prüfen und zu erfahren, was an diesem sog. „Wolter-Modell" richtig ist.
Denn Wolters Argumente sind nicht so einfach von der Hand zu weisen!

Entdecker gab es schon oft und sie mussten meist hart kämpfen für ihre Überzeugungen, wurden oft verlacht und ignoriert. Früher, zu Galileis und G. Brunos Zeiten wurden manche auch gefoltert und sogar mit dem Tode (Scheiterhaufen) bestraft oder zumindest wurde ihnen damit gedroht, falls sie nicht widerrufen wollten.
Das ist heute Gott sei Dank zwar nicht mehr der Fall. Aber trotzdem, es ist sehr oft ein Spießrutenlaufen, wenn man eine völlig andere Meinung vertritt als die der Mehrheit!

Prof. Fahr übernimmt nun das Wort, bedankt sich bei Herrn Wolter für den Vortrag und fordert die Anwesenden zur Diskussion auf.
Ein Wissenschaftler behauptet, die Exoplaneten müssten **dort** entstanden sein, wo sie sich heute befinden. Er kommt mir vor wie ein Fanatiker in Sachen Exoplaneten und Standard-Theorie.
Herr Wolter - sonst ein ruhiger Mann -, wird rot und schlägt mit der Faust auf den Tisch, dass die Gläser hüpfen. Sein Hund Einstein wacht sogar auf und fängt an zu knurren.
Mir kommt diese Situation irgendwie komisch vor, und ich fange an zu lachen.
Mein Lachen wirkt scheinbar entspannend, denn die Streitereien wurden dadurch vermieden.

Mit wenigen - aber hart , kompromisslos und kämpferisch - vorgetragenen Sätzen erklärt Wolter noch einmal mit lauter Stimme: „Nach den Gesetzen der Physik ist es gewiss nicht möglich, dass so große Himmelskörper, wie es die meisten der Exoplaneten sind, dicht bei einer Sonne entstehen! Und zwar deswegen nicht, weil alle Gas- und Staubmassen, die man für die Entstehung so gigantischer Planeten braucht, natürlich von der größeren und stärkeren Sonne angezogen und „eingefangen" werden. D. h., neben einer gigantischen Sonne kann gewiss kein anderer großer Himmelskörper entstehen. Die meisten, die man nachgewiesen hat, waren sogar größer als Jupiter!"

Wolter fügt weiter hinzu, dass er keine Meinung akzeptieren wird, die offensichtlich gegen die ehernen Gesetze der Physik verstößt. Aber der Andere diskutiert weiter und behauptet, dass es nicht möglich ist, dass über 300 große Exoplaneten von ihren 300 Sonnen angezogen werden können. Sie müssten also so dicht bei ihrer tausendfach größeren Sonne entstanden sein!

Um dem Wortwechsel ein Ende zu machen, mischt sich nun Prof. Fahr ein und meint, es wäre Zeit zum Mittagessen.

Der Professor lädt einige Herren sowie den Meister Wolter und auch mich in ein Hotel ein.
Ich nehme diese Einladung dankbar an, denn ich bin ziemlich erschöpft.

Die Atmosphäre ist freundlich und kollegial.

Es brennen mir noch einige Fragen auf der Zunge, und ich kann sie mir nicht verkneifen:
„Herr Prof. Fahr", frage ich ihn leise, damit die anderen Anwesenden es nicht mithören sollen: „Sie lehren Ihre Schüler nach den Büchern des Standard-Modells, aber Ihre eigenen Überzeugungen stimmen doch – wie man gemerkt hat – nicht mit denen des Standard-Modells überein. Wie kommen Sie mit dieser Situation klar?"

Daraufhin zuckt Prof. Fahr nur vielsagend mit der Schulter, sagt aber nichts.

Während des Mittagessens unterhalten sich der Professor und Herr Wolter sehr angeregt, die anderen Herren verhalten sich dagegen sehr schweigsam und in sich gekehrt.
Nach dem Essen verabschieden wir uns von Prof. Fahr und durchstreifen die große Universität in Bonn.
In der Vorhalle ist ein großes Plakat aufgehängt. Auf diesem Plakat – etwa 120 x 120 cm groß - sind verschiedene wichtige Aussagen und astrophysikalische Thesen gedruckt. Unter anderem auch der Hinweis, dass man sich – sage und schreibe – um 120 Größenordnungen in wichtigen physikalischen Bereichen geirrt hätte. Dass man nun jedoch auf dem richtigen Wege sei und daran arbeitet, diese Fehler zu bereinigen.

„Was meinen Sie zu diesem Plakat?", frage ich den Meister.
Er schaut sich das Plakat lange an, dann erklärt er: „Forscher geben zu, dass dies der größte Irrtum ist, der je in der Wissenschaft entdeckt wurde! Um 120 Größenordnungen falsch, bedeutet eine Zahl mit 120 Nullen dahinter.
Eine Fehlkalkulation, die man gewiss als Weltrekord beschreiben kann. Und da man nun glaubt, endlich auf dem richtigen Wege zu sein, könnte es durchaus sein, dass der Irrtum nun „nur" noch 115 Größenordnungen beträgt!"

Ich muss lachen. Er aber verzieht keine Miene.
Ich nehme das Plakat ab – es ist im Moment niemand anwesend -, rolle es zusammen und nehme es als Andenken mit.

Anschließend - bei einer Tasse Kaffee und Kuchen – gratuliere ich Herrn Wolter zu dem gelungenen Vortrag und zu dem bemerkenswerten Durchbruch, den er hier in Bonn erreicht hat und fahre fort: „Ich werde über dieses Symposium – diesen Vortrag – und Ihre revolutionierend neuen Erkenntnisse in der Kosmologie und Physik ein Buch schreiben."
Ich frage weiter: „Wird Ihr Vortrag hier in Bonn als eine Veröffentlichung akzeptiert und ist Ihre Priorität gewahrt?"

„Ja", erklärt er mit Nachdruck.

Und fährt fort: „Ich habe einen Teil meiner neuen Erkenntnisse über die Astrophysik und Kosmologie auch in den USA, in einem physikalischen Magazin veröffentlicht.
Desgleichen in meinen Büchern, die bei der Deutschen Bibliothek in Frankfurt hinterlegt sind. Desgleichen auch in der Wissenschaftssendung im Fernsehen.

Und meine Arbeiten liegen – mit Datum – auch bei Notaren.
In mehreren Universitäten – u. a. in der TU in München sowie in Garching, in Bochum sowie in Zürich habe ich vor vielen Tausend Wissenschaftlern und Interessierten den endgültigen Zusammenbruch des Standard-Modells (Big-Bang-Theorie) proklamiert.
Darüber hinaus auch mein alternatives Kosmos-Modell vorgestellt und den Teilnehmern angeboten, ihnen auch die Einzelheiten zu erläutern. Desgleichen auch beim Treffen der Nobelpreisträger in Lindau am Bodensee."

„Welche Resonanz und Anerkennung hatten Sie dabei?", frage ich interessiert.

„Sehr unterschiedliche", lächelt der Privatgelehrte. „Oft wurde ich – wie auch andere, die etwas revolutionierend Neues entdeckt haben – ignoriert, belächelt und bekämpft. Aber das darf man den Menschen nicht übel nehmen. Dieses Verhalten war üblich in der langen Geschichte der Wissenschaft!"

„Tut so etwas nicht sehr weh", frage ich, „und wie haben Sie das verkraftet?"

„Mein Kopf und mein Herz haben es verkraftet", sagt er ernst, „aber mein Magen nicht! Ich habe Magenkrebs bekommen."
Und er fährt scheinbar gelassen fort: „Anfangs wurde ich sogar mit Gewalt am Reden gehindert. Mal standen die Hörer sogar auf und verließen den Saal.
Mal wurde auch versucht, mich lautstark zu übertönen.

Aber nun allmählich merken die Menschen, dass ihr altes Standard-Modell mehr und mehr zusammenbricht und sind erheblich toleranter und nachdenklicher geworden.

Sie merken wohl, dass es keinen anderen Weg mehr gibt, als die Pastorenphysik zu verlassen und sich auf den alten Newton und das ewige All zurückzubesinnen.

Auch die größten Weisen und Denker und Wissenschaftler wie Einstein, Aristoteles und große Religionen haben genau – wie viele andere Menschen - das ewige unendliche Weltall zu Grunde gelegt.
Wer dennoch gegen alle Regeln der Logik und der Wissenschaft am Standard-Modell = Urknall-Theorie festhalten will, stellt sich außerhalb einer seriösen Wissenschaft. Denn diese muss natürlich auf den ehernen physikalischen Gesetzen und den exakten Beobachtungen aufbauen!"

„Könnte man sagen", frage ich nach, „dass diese etablierte Wissenschaft, die am Standard-Modell festhalten möchte, ähnlich reagiert wie einst die kath. Kirche, als sie die neuen Erkenntnisse von Kopernikus und Galilei nicht akzeptieren wollte?"

„Schwamm drüber", antwortet Wolter, „die Kirche hat ihr Lehrgeld gezahlt: Johannes Paul II hat sich sogar – Galilei betreffend - entschuldigt.
Die Spitzen der wissenschaftlichen Gemeinschaft sollten flexibel und aufgeschlossen sein und sich ebenfalls dafür entschuldigen, dass sie einem Jesuitenpater so einfach geglaubt haben, ohne dass dieser stichhaltige Beweise vorlegen konnte.
Man sollte sich daran erinnern, dass sich die sog. etablierte Wissenschaft schon sehr oft geirrt hat. Siehe die großen Entdecker, die viel „Falschdenken" aufdeckten und zu ihren Lebzeiten oft kaum gehört wurden.

Man sollte allgemein wissen, dass man sich heute und in Zukunft genau so sehr irren kann, wie in der Vergangenheit auch und sollte deshalb sehr wachsam sein!
Der große Philosoph Sir Karl Popper erklärt zu Recht sinngemäß: Wenn auch nur ein einziger Widerspruch in einem Modell oder in einer Theorie

auftritt, dann muss die gesamte Theorie auf den Prüfstand und der Widerspruch muss aufgelöst und berichtigt werden! So weit Popper."

„Wo gibt es einen solchen Widerspruch?", frage ich nach.
Wolter lächelt und erklärt: „Es gibt nicht nur **einen** Widerspruch in der Kosmologie und Astrophysik, sondern **viele** Dutzende:
Vor allem auch das fehlende Higgsfeld und die nicht nachweisbare dunkle Energie und desgleichen auch die sog. Exotische dunkle Materie.
Hirngespinste, die man händeringend braucht und deshalb sucht, um die Big-Bang-Theorie noch einmal zu retten.
Aber an der alten Theorie ist nichts mehr zu retten!
Die gesuchte exotische dunkle Materie kann man seit Jahrzehnten nicht nachweisen! Auch nicht mit Beschleunigern, die insgesamt bereits viele Milliarden Dollar und Euro gekostet haben. Noch niemals seitdem erdweit seriöse Wissenschaft betrieben wird, war es je erlaubt, eine Theorie, eine Hypothese oder eine Annahme wissenschaftlich exakt und glaubwürdig vorzustellen, wenn man kein nachweisbares Fundament dafür vorweisen konnte. Und das wird – ob man will oder nicht – auch in Zukunft so sein.
D. h., man muss die dunkle Materie, die dunkle Energie und das Higgsfeld **nachweisen**, wenn man eine gesamte Theorie darauf aufbauen will.
D. h., die Öffentlichkeit wird sich gewiss nicht damit zufrieden geben, dass man ihr von Jahr zu Jahr erneut verspricht, nun aber endlich bald die Beweise zu liefern und man bräuchte dafür nur noch einige Milliarden Zuschüsse."

„Sagen Sie mir noch einen Widerspruch aus einem anderen Wissensbereich", bitte ich den Meister.
Wolter: „Ein weiterer Widerspruch betrifft die Klimatologie.
In den Eisbohrkernen und Sedimenten werden viele Dutzend oft sehr abrupte Klimawechsel sehr exakt nachgewiesen. Es zeigt sich darin: Klimawechsel gibt es schon seit vielen hunderttausend Jahren! Also auch schon, als es noch gar keine hochentwickelten Menschen gab.
Es ist nach menschlicher Logik ein gravierender Widerspruch, wenn man nun plötzlich behauptet, der jetzige oder zukünftige Klimawechsel sei aber anderes als die Vorherigen, hauptsächlich nur von den Menschen „gemacht".

Nach menschlicher Logik müssen also auch die zukünftigen Klimawechsel genau so von der Sonne und von der Erde – d. h. auch aus ihrem heißen Inneren heraus - gesteuert werden, z.B. von Supervulkan-Explosionen und durch unterschiedlich starke Strahlungen von der Sonne.

Die 20 Trümmer von Shoemaker Levy 9 explodierten im Jahre 1994 wie Zehntausende von Atombomben über dem Jupiter. Dasselbe kann natürlich auch über der Sonne geschehen – siehe z. B. den Himmelskörper „Neat", wie die Raumsonde „Soho" beweist! –

„Neat" nähert sich auf elliptischen Bahnen an die Sonne an, und auch er kann eines Tages über ihr explodieren, so wie viele hundert Himmelskörper unterschiedlicher Größe, die sich ebenfalls an die Sonne annähern bzw. auf elliptischen Bahnen um sie kreisen.
Und zwar genau so sicher, wie sich ein kleines Staubkorn – von der Erdgravitationskraft angezogen – an die Erde annähert. Auch der „Neat" ist im Vergleich zur Sonne nur ein Staubkorn. Die Annäherung von Himmelskörpern an die Sonne kann sich auf das Klima der Erde auswirken. Durch die dunklen Gas- und Staubwolken, die entstehen würden und die Sonne verdunkeln, würde es erheblich kühler auf der Erde werden und dies könnte sich auch auf die Ernten auswirken.
Unsere Vorfahren haben solche und andere Klimaänderungen überstanden, und auch wir werden sie überstehen, wenn wir rechtzeitig vorsorgen!"
„Wie teuer wird denn eine so fehlerhafte Klimatologie für uns Menschen?", frage ich.
Der Forscher sagt schlicht: „Ich weiß es nicht!"
„Wie würde Ihr neues - wie Sie sagen besseres Kosmos-Modell - denn das Wissen und die Erkenntnisse der Menschen verändern?
Wie würde es das Denken der Menschen erneuern?
Welche Vorteile würde es den Menschen dieser Erde bringen?", frage ich.

Seine Antwort: „Viele würden erkennen, dass sie mehr und besser vorsorgen sollten, um klimatische Veränderungen besser zu überstehen. Gutes Klima bedeutet gute Ernten, die man braucht, um sieben Milliarden

Menschen zu ernähren. Die Menschen werden aber auch erkennen, wie genial das All, die Galaxis und das Sonnensystem aufgebaut sind. Sie könnten sich wieder über das grandiose All und die schöne blaue Erde freuen und brauchten nicht so viele Weltuntergangsängste mehr zu haben!"

„Wie werden die großen Physiker auf Ihr neues Modell reagieren?", frage ich weiter.

Seine Antwort ist kurz: „Auch der große St. Hawking fordert das Umdenken seit vielen Jahren. Er erklärte bereits vor zwei Jahrzehnten, dass man wohl noch zwanzig Jahre brauchte, um das All besser erklären zu können, und ich freue mich, dass ich in 28 Jahren harter Arbeit seine Prognose endlich erfüllen konnte und dass ich die großen Zusammenhänge im All besser erklären kann, als das bisher geschehen ist.

Wenn Sie ein Buch über mich und meine neuen Erkenntnisse schreiben wollen, dann können Sie also mit dazu beitragen, dass das neue Kosmos-Modell bekannt wird.
Ich wünsche Ihnen, dass es ein Bestseller wird!"

„Sie werden sehen", erkläre ich, „mein Buch wird mit dazu beitragen, dass Ihre Arbeiten endlich geprüft und diskutiert werden, damit das nötige Umdenken in der Kosmologie einsetzen kann!"

Der große ernste Mann mit dem weißen Vollbart freut sich über meine Worte und beantwortet meine vielen weiteren Fragen bereitwillig.
„Wenn Sie wollen", sagt er dann, „gebe ich Ihnen meine Bücher „Universum" und „NO BANG" und Sie dürfen Zitate meiner Arbeiten für Ihr Buch verwenden.
In meinen Büchern werden die großen Fragen, die seit vielen Jahrzehnten bisher nicht beantwortet werden konnten, einfach und logisch erklärt. Und zwar so, dass es auch 15-Jährige verstehen können. Ich zeige Ihnen einige Zuschriften, darunter auch den Brief des 15.-jährigen A. Reinders und der des Hans Jörg Helm." (Diese Zuschriften wurden bereits in diesem Buch zitiert).

„Welche besonderen Themen werden in Ihren Büchern vorgestellt und neu erklärt?", frage ich.
Wolter: „Da sind zum einen die bisher rätselhaften Gamma Ray Bursts, das nicht auffindbare Higgsfeld, die Spiralen der Galaxien, die genannten Exotiken, wie Exotische dunkle Materie und Exotische dunkle Energie, die 2,7 K-Strahlung, der dunkle Nachthimmel, der sog. Big-Bang, die sog. Mittlere Dichte, die Expansion des Alls, die Gravitationslinsen, die Quasare und die Blazare, die Rotverschiebung, die Antimaterie, die Inflation und viele andere Phänomene, wie z. B. auch die bekannte sog. „Kosmologische Konstante". Diese nannte Einstein seine größte „Eselei". Sie können sich doch noch an die Video-Kassette erinnern, die ich Ihnen gezeigt habe. Aber leider war die Sendezeit damals im Fernsehen - von 14 oder 15 Minuten - viel zu knapp, um alles ausführlicher zu beschreiben. Und ich glaube, die meisten Zuschauer konnten sich sowieso damals nicht viel unter **dem** vorstellen, was auf dem Video gezeigt wurde. Auch deshalb, weil alles so fundamental anders und neu ist. In den Büchern habe ich alles sehr ausführlich beschreiben können, da hatte ich die nötige Zeit dazu!"

Ich kann es kaum fassen, dass man diese so schwer wiegenden Probleme der Physik und Kosmologie so einfach und logisch erklären kann: Wie z. B. die bisher unerklärbaren Gamma-Ray-Bursts, die Wolter einfach als die gigantischen Explosionen der Galaxien-Zentren beschreibt.

Ich frage mich auch, warum sind die vielen etablierten Physiker nicht auf diese so einfachen und logischen Erklärungen gekommen?
Mit Wolters Erklärungen lassen sich nun viele weitere Fragen – wie selbstverständlich – beantworten.
Und warum wird diese überzeugende, einfache Erklärung nicht freudig begrüßt und warum steht sie nicht unverzüglich als der große Durchbruch in den zuständigen Medien?

Es sind doch bereits über diese „Little Bangs" = Gamma Ray Bursts (ich nenne sie in diesem Buch: „der andere Urknall") viele tausend Arbeiten geschrieben worden: Vom Zusammenprall von zwei schwarzen Löchern – bis hin zu Neutronensternen und weißen Zwergen war da die Rede. Und immer hatten die Erklärungen nicht zu den Beobachtungen gepasst.

Ein Weltbild – der Urknall als Singularität und all das, was man als Folgerungen darauf aufgebaut hatte -, würde zusammenbrechen, falls man zugeben müsste, dass alles ganz fundamental anders ist, als es an den Schulen und Hochschulen gelehrt wird. Die Situation wäre vergleichbar mit der sog. „kopernikanischen Wende" vor einigen Jahrhunderten. Auch damals das schmerzhafte Umdenken, der große Paradigmenwechsel.

Aber man hat es wohl nicht gerne, dass Weltbilder zusammenbrechen, denke ich bei mir und merke auch selbst, welche zwiespältigen Gefühle das in mir auslöst.

Die „kopernikanische Wende" hatte viele Jahrzehnte lang angedauert.
Nun wundert es mich nicht mehr, dass Wolter bereits über 28 Jahre lang versucht, seine neuen Erkenntnisse – sein neues Weltbild – bekannt zu machen.

Ob ich mit meinem Buch etwas bewirken kann bzw. Meister Wolter helfen kann, dass er endlich gehört wird? Ich will es jedenfalls versuchen, dem neuen Weltbild - Wolter-Modell - zum Durchbruch zu verhelfen!

Wie sagte es der bedeutende Historiker Dr. Fischer Fabian, der Galileis schweren Lebensweg beschrieben hat, in seinem Buch „Die Macht des Gewissens": Er nennt es, „Das letzte große Abenteuer, die Erklärung des Weltalls".

„Ja", denke ich, „das hat was. Das kann die Menschen vom Hocker reißen, da will ich dabei sein!"
Aber ich will auch herausfinden, wo Wolter eine Schwachstelle in seinem revolutionierenden Modell hat, wo sich der Alte in Widersprüche verwickelt, wo „das kosmische Puzzle" **nicht richtig** zusammengesetzt ist.

Aber ich kann bisher nichts finden!
Ich muss gestehen, dass mich das beunruhigt, denn ich hätte geschworen, dass ein einzelner Mensch die großen Phänomene und Zusammenhänge

im All nicht erschöpfend, nicht ausreichend verständlich - und nicht überwiegend richtig - beschreiben kann.

In Bonn und auch bei den vorangegangenen und nachfolgenden Gesprächen werde ich eines Besseren belehrt.

Wolter erzählt, dass er hier in der Universität in Bonn bereits vor elf Jahren war und den Professoren W. Kundt und H.J. Fahr seine neuen Erkenntnisse vorgetragen hatte.

Und zwar in der Hoffnung, dass die Professoren ihn unterstützen und fördern könnten, um die neuen Erkenntnisse zu veröffentlichen und bekannt zu machen.
Wolter erzählt: „Prof. Kundt war begeistert und erklärte: Kommen Sie mit, das müssen Sie den Kollegen erklären! Die sind noch unten im gemeinsamen Aufenthaltsraum und trinken ein Glas Wein.
Als ich Wein höre, ist mir nicht ganz wohl bei der Sache, aber ich nehme seine Einladung an.

Als ich dort den Wissenschaftlern mein neues Modell zu erklären versuche, fängt einer der Herren, der wohl schon einige Gläser zu viel hatte, an zu lachen und alle anderen brechen ebenfalls in ein schallendes Gelächter aus. Sie können sich nicht vorstellen, dass man die Rätsel, an denen sie schon Jahrzehnte lang tüfteln und grübeln, so einfach und **ohne** mathematischen Formeln und Gleichungen erklären kann.

Prof. Wolfgang Kundt lädt mich zu einem internationalen Treffen von Physikern – einem sog. Symposium – ein (von der Volkswagenstiftung gefördert).

Ich soll dort den Forschern den Mitschnitt meines Fernsehfilms von „Sonde-Technik-Wissenschaft" aus Baden-Baden vorstellen.

Die Zeit aber ist viel zu kurz bemessen. Kundt will mir nur 5 Minuten Redezeit zugestehen. Die Vorführtechnik streikt ebenfalls. Für diesmal muss ich also passen.

Beim Abschied einige Tage später sitzen alle etwa 50 Wissenschaftler aus aller Welt dichtgedrängt um einige Tische und essen. Wir stoßen an auf den großen lang erwarteten Durchbruch = Paradigmenwechsel in der Physik und Astrophysik, sowie auf ein evtl. Wiedersehen."

Wolter erzählt weiter, dass er während der Abschiedsfeier zwischen zwei reichlich beleibten Physikern eingezwängt ist:
„Da drängt sich plötzlich der einzige Farbige, der Physiker Prof. Winifried Sorell aus den USA neben mich und setzt sich zu meinen Füßen auf den Boden. Prof. Sorell sagt: „Hans, erzähl mir mehr von Deinem neuen Kosmos-Modell!"

„Wie", frage ich erstaunt, „niemand, außer dem Farbigen hat sich für Ihre neuen Erklärungen interessiert?"
„Ja", lacht Wolter, „so war das damals und so ist es ja auch heute noch oft!
Und so war es ja auch hier in Bonn: Nur Sie z. B. fragen mich nach dem neuen Modell. Alle anderen mussten ja schnell zum Mittagessen. Keiner hat versucht, mit mir persönlich in Kontakt zu treten, um sich noch näher über mein neues Kosmos-Modell oder über den Video-Film aus „Sonde-Technik-Wissenschaft" zu informieren.

Ich bin mal gespannt, ob ich zu einem weiteren Vortrag hier in Bonn eingeladen werde.
Angeboten habe ich, dass ich meine neuen Erklärungen bis in die Details vorstellen werde und auch die Kassette vom Fernsehen mitbringen und erläutern werde."

Ich frage ihn, warum er während der Diskussion so zornig geworden sei.
Seine Antwort: „Sie müssen entschuldigen, ich bin eigentlich von Natur aus ein gutmütiger Mensch. Aber ich raste immer dann aus, wenn Wissenschaftler Behauptungen aufstellen, die gegen das Kausalitätsprinzip und gegen Gesetze der Physik verstoßen!", entgegnet er.

Darauf antworte ich: „Das kann ich gut verstehen. Inzwischen bin ich der Meinung, dass es – wie auch Prof. Fahr – viele Wissenschaftler gibt, die zwar erkennen, dass an dem momentan gepredigten Standard-Modell etwas faul sein muss. Die Forscher haben jedoch entweder keine Alternative zu bieten und – oder – nicht den Mut, offen ihre Meinung kund zu tun. Und zwar, weil sie befürchten müssen, in „Teufels Küche" zu kommen und evtl. mit dem Verlust ihres Jobs und somit ihrer Existenz rechnen müssten."

Abschließend komme ich noch einmal auf das geplante Buch zu sprechen.

„Ich werde Sie dabei unterstützen", verspricht er mir. „Sie können sich jederzeit an mich wenden, wenn Sie noch zusätzliches Material und Auskünfte von mir benötigen."

„Ja, das werde ich so machen", sage ich vorsichtig und zurückhaltend.
Denn ich will natürlich auch andere Wissenschaftler zum Thema Big-Bang hören.

Wolter erzählt mir anschließend noch, dass er in einigen Monaten in Prag sein wird.
Dort findet das weltweite große Treffen der Internationalen Astronomischen Union (IAU) statt, auf der viele Kosmologen und Astrophysiker aus aller Welt beisammen sein werden. Auch um über die rätselhaften Probleme im All zu sprechen und neue Lösungsvorschläge zu suchen.

„Ich werde auch Einstein mitnehmen", schmunzelt er. „Einstein ist meistens dabei!"

„Wie Einstein?", frage ich etwas zerstreut und überrascht. Aber dann fällt mir ein, dass der Retriever Einstein heißt und wir müssen lachen.
„Ach ja, Einstein", sage ich.
„Ich werde Sie anrufen, wenn die IAU vorbei ist und Sie können mich dann informieren, wie es dort gelaufen ist.
Ich werde sehen, ob ich es in meinem Buch verwenden kann."

Wir verabschieden uns und ich streiche dem freundlichen struppigen Einstein über seine weichen hellen Haare.

Und ich denke dabei: Einstein ist der richtige Name. Schade, dass das alte Original Einstein nicht mehr lebt! Ich würde ihn fragen, was er gemeint hat, als er „Physique de curé" sagte.

Im Herbst des Jahres rufe ich Herrn Wolter – acht Tage nach der IAU – an:

„Ja", sagt er, „es war sehr interessant und ich habe viele gute Gespräche mit den Wissenschaftlern gehabt.
Und ich habe viele Wissenschaftler davon überzeugen können, dass die bisherige Standard-Theorie zusammengebrochen ist. Einstein hat mir dabei geholfen!"

8. Klimatologie, Geophysik und Kosmologie sind eng miteinander vernetzt

(Wie kam es zu den schnellen Klimawechseln in der Vergangenheit?)
(Auszug aus Arbeiten von Hans Ulrich Wolter)

Es zeigt sich nun auf Grund der Forschungen über die Eisbohrkerne und Sedimente, dass es in der Vergangenheit bereits viele abrupte Klimawechsel gegeben hat.

Hochentwickelte Menschen, Industrien und hoher CO_2-Ausstoß gab es damals noch nicht, als diese abrupten Klimawechsel kamen und gingen.
D. h., wir müssen also annehmen, dass dieselben Klimawechsel auch „morgen und übermorgen" in ähnlicher Weise kommen und gehen können, wie auch in der Vergangenheit.

Auf Grund neuester kosmischer Forschungen kann man nun erkennen, warum es auch in der Vergangenheit zu den schnellen Klimawechseln – einschließlich Warm- und Kaltzeiten – gekommen ist, die man bisher nicht erklären konnte: Der sog. „Milankovitch-Effekt" und die angebliche „Meerespumpe" haben sich bisher nicht bewährt und konnten nicht bestätigt werden. Das erklärten u. a. auch viele Nobelpreisträger.

Neueste Forschungen zeigen nun endlich, **warum** es auf der Erde immer wieder zu abrupten Warm- und Eiszeiten gekommen ist (siehe Eisbohrkerne). Etwa 48 dieser unterschiedlichen Klimawechsel sind bereits über die Erde hereingebrochen.
D.h., diese Klimawechsel werden auch in Zukunft – unabhängig von menschlichen Aktivitäten – kommen und gottlob auch wieder gehen. Auch diese gute Botschaft kann man aus den Eisbohrkernen herauslesen.

Die neuen Forschungen, von denen ich sprach, zeigen nun folgende Fakten:
Unter anderem der „**Jupitermond Io**" und sein Nachbar „**Europa**" und mit ihnen Himmelskörper aller Größen (auch Planeten und Monde, Sonnen- und Galaxienzentren) werden durch Gravitationskräfte sowie die

entsprechenden Gezeitenkräfte und die daraus resultierenden Gezeitenreibungen in ihrem Innern aufgeheizt (Reibung erzeugt Wärme).

Die Aufheizung ist umso stärker, je näher und massereicher die benachbarten Himmelskörper sind.
Bei je halbierter Entfernung verstärken sich die drei oben genannten kosmischen Kräfte mindestens im Quadrat: 4, 16, 256 usw.
Übrigens: Io ist durch diese **kosmischen Reibungskräfte** der heißeste Himmelskörper im gesamten Sonnensystem.

Überall im Universum gelten dieselben kosmischen Gesetze.
D. h., auch die Erde ist im Innern durch Gezeitenreibungen von Mond und Sonne und anderen Nachbarn sehr heiß.
Dieses heiße Erdinnere beeinflusst u. a. auch die Temperatur des Meerwassers, damit auch die Atmosphäre der Erde und natürlich deren Klima.

Auch hier hängt also alles mit allem zusammen: 2/3 der Erde sind mit Wasser bedeckt. Wasserdampf entsteht über der gesamten Erde – auch der feuchten, festen Erdkruste -, und ist deshalb weit häufiger als alle anderen sog. Treibhausgase zusammen.
Wasserdampf ist die ideale Puffersubstanz der Erde. D.h., nur weil es viel Wasserdampf gibt, konnte Leben auf der Erde entstehen.
Jedermann weiß, dass Wolken (Wasserdampf) die Erde abkühlen, weil sie die Sonnenstrahlung weniger durchlassen. (Eine vor die Sonne ziehende Bewölkung vermindert die Temperatur um mehrere Grad Celsius).

Andererseits erwärmt dieselbe Bewölkung die Erde. Z.B. in einer klirrenden Winternacht lässt dieselbe Bewölkung die Temperaturen sofort um mehrere Grad C. ansteigen! (Ideale Pufferung).

Zurück zu den Gezeitenreibungen:
Da die Erde relativ nahe um die Sonne kreist, ist die Erde natürlich immer auch mit betroffen, wenn die Sonne durch Gezeitenreibung zusätzlich aufgeheizt wird und ihre Wärme durch Strahlung an die Erde weitergibt.

D.h., wenn ein Himmelskörper der Sonne näher kommt, wird sie damit verstärkt aufgeheizt und erzeugt damit mehr Strahlung. Das hat die Raumsonde Soho sehr deutlich nachgewiesen und gezeigt, wie stark der Himmelskörper Neat die Sonne mit seiner Gezeitenkraft beeinflusst und selbst in extremer Weise beeinflusst wird. (ähnlich wie bei Shoemaker Levy 9 und Jupiter im Jahre 1994!).
Z. B. geschieht dasselbe, wenn sich Himmelskörper wie Neat und KW 4 an die Sonne annähern und sie zusätzlich durch Gezeitenreibung aufheizen, so wie das von der Raumsonde Soho beobachtet wird.

Jupiter und Sonne beeinflussen sich gegenseitig – alle elf Jahre verstärkt - durch Gezeitenreibungen.

Auch der große Jupiter, der mehr Masse hat, als alle Himmelskörper im Sonnensystem zusammengenommen, läuft auf elliptischen Bahnen um die Sonne und kommt ihr deshalb etwa alle 11 Jahre näher und heizt sie damit stärker auf.
Siehe u. a. die verstärkten Sonnenflecken – das sind starke Explosionen auf der Sonne -, die alle elf Jahre als Folge dieser Jupiterannäherung an die Sonne, entstehen!

Auch das Klima der Erde ist davon betroffen, wenn die Sonne verstärkt strahlt.
So ist also der sog. elfjährige Zyklus der Sonne sehr einfach zu verstehen.
Wir haben nun zur Kenntnis zu nehmen, dass nicht allein Meerespumpe, CO_2 und Milankovitch-Effekt das Klima der Erde steuern, sondern die oft schnell wechselnden Gezeitenreibungen in der Sonne (siehe Eisbohrkerne), die durch Himmelskörper – starke Asteroiden wie Neat und wie beschrieben auch durch den gigantischen Jupiter – entstehen.

Siehe z. B. Shoemaker Levy 9 und seine 23 Trümmer, die 1994 über dem Jupiter explodiert sind! Diese Prozesse müssen wir als die Umwandlung von Materie zu Energie ansehen ($E = m c^2$).
Aus dieser gigantischen Energiefreisetzung entstanden nach derselben Formel auch sofort wieder dunkle Gas- und Staubmassen! Diese waren

zum Teil so gigantisch groß, dass die gesamte Erde darin verschwunden wäre.

Ich führe das deshalb an, damit jeder erkennen kann, dass dieselben Prozesse – wie über Jupiter im Jahre 1994 – natürlich auch über der Sonne ablaufen können.

Wenn ein größerer Asteroid – wie Shoemaker Levy 9 – über der Sonne explodiert ($E = mc^2$), dann ist es 8,5 Minuten später – je nach Größe des Himmelskörpers - dunkler und kälter auf der Erde.
8,5 Minuten brauchen die Sonnenstrahlen nämlich, bis sie die etwa 155 Millionen km bis zur Erde überbrückt haben. (Auf diese Weise sind also die sehr abrupten Klimawechsel in der Vergangenheit, die uns die Eisbohrkerne gezeigt haben, sehr einfach zu erklären).
Man darf sich wundern, dass Fakten wie die elliptischen Bahnen der Himmelskörper bisher nicht verstanden werden konnten. In meiner nächsten Arbeit werde ich die elliptischen Bahnen der Himmelskörper erklären. So wie u. a. auch die rätselhaften Quasare, die ebenfalls Einfluss auf das Klima der Erde nehmen können, weil sie anders wie bisher gedacht, nicht in gigantischen Entfernungen stehen. Siehe dazu die Berechnungen des hervorragenden Physikers, Prof. Halton Arp, Garching b. München. Auch seine Ergebnisse beweisen, dass die bisherigen Theorien nicht standhalten können.

Ich werde jedoch auch die bisher rätselhaften EL-Nino-Phänomene erklären.

Es zeigt sich, dass die Wissenschaftler Recht hatten, als sie die starke innere Aufheizung des Jupitermondes Io – als Folge der Gezeitenreibung von Jupiter her – richtig erkannt hatten.

Diese bedeutenden Zusammenhänge richtig zu verstehen und zu akzeptieren bedeutet jedoch, dass wir damit nun auch zur Kenntnis zu nehmen haben, dass die meisten Theorien des sog. Standard-Modells damit hinfällig geworden sind. So, wie es der große A. Einstein bereits 1954 richtig erkannt hatte.

Er schrieb an Michele Besso: „Dann bleibt nichts von meinem ganzen Luftschloss, einschließlich der Theorie der Gravitation, aber auch nichts vom Rest der modernen Physik." Zitat Ende.

Bisher ging man davon aus, dass die Himmelskörper und Monde auf angeblich relativ stabilen Bahnen um ihre Sonnen laufen. Diese Annahme gilt nach den neuen Erkenntnissen – Annäherung der Exoplaneten, oft Jupiter-große Himmelskörper an den jeweils großen Nachbarn (Sonne) – also nicht mehr: Denn Gravitation und Gezeitenreibung bedeuten eben nun die Abbremsung der Himmelskörper.
D.h., die Himmelskörper müssen sich damit an ihre jeweilige Sonne annähern und werden dadurch verstärkt durch Gezeitenreibung aufgeheizt!

Das wird durch neueste Beobachtungen bestätigt: Siehe die inzwischen etwa 300 sog. Exoplaneten, die zum Teil auf extrem engen Bahnen um ihre etwa 300 Sonnen wirbeln.
Auf diesen engen Positionen können sie nach physikalischen Gesetzen jedoch nicht entstanden sein, sondern nur durch Gravitationskräfte und Gezeitenreibungen „angezogen und herangeholt" worden sein.

Nun sollte deshalb jedoch niemand die Befürchtung haben, dass die Erde schon bald „in die Sonne fällt". Denn vorläufig entfernt sie sich noch alle 10 Jahre etwa einen Meter weiter von der Sonne. Das sind in 100 Jahren etwa 10 Meter. Auch das werde ich in meiner nächsten Arbeit noch genauer erklären.

Ich werde diese nötigen Erklärungen nicht mit Hilfe von unverständlichen Formeln und Gleichungen vorstellen: Mit mathematischen Formeln könnte man noch nicht einmal den Strudel in einem Flüsschen „berechnen". (Siehe Chaos-Theorie!).
Aber auch nicht die Bahnen von Io und Europa um den Jupiter.
Oder die Bahn von Jupiter um die Sonne. (Siehe das sog. „Dreikörperproblem"!).
Meist sind es sogar viele Hunderte oder gar Tausende von Himmelskörpern, die sich mit ihren Gravitationskräften z. B. im Zentrum einer Galaxie gegenseitig beeinflussen, und auch ihre Bahnen werden deshalb unberechenbar.

Auch Isaak Newton hat ebenfalls seine Grenzen erkannt und erklärt: „Ich spekuliere nicht!"

Exotische dunkle Materie und dunkle Energie sind solche nicht erlaubten Spekulationen.
Newton schrieb 1692 sinngemäß an den Wissenschaftler Richard Bentley: Es gibt kein expandierendes All! Ende des Zitats.
(Also gibt es auch keine Auflösung des gesamten Alls zu Nichts, wie man bisher annahm).
In seinem Spätwerk „Optics" schrieb Newton: „Die Bewegungsenergie der Himmelskörper geht viel leichter verloren, als sie neu gewonnen werden kann.
Schließlich ist ein Impuls (Schöpferimpuls) von Nöten, um den Himmelskörpern neue Bewegungsenergie zu vermitteln." Zitat Ende.

Ich freue mich, dass ich diesen kosmischen Impuls finden konnte.

Zurück zum Klima:
Es kann nicht allein von uns Menschen gekippt werden!
U. a. das Galaxienzentrum, die Sonne, der Mond, der Jupiter und kleinere Himmelskörper, die sich an unsere Sonne annähern sowie die sechs Supervulkane der Erde, die gottlob noch schlafen, sind die wirklichen „Steuerer" des Erdklimas.
Auch die Supervulkane können bei ihrem Ausbruch gewaltige Gas- und Staubmassen erzeugen. Siehe Yellowstone-Vulkan, der schon dreimal ausgebrochen war! Auch er ist einer der Supervulkane.

Wir erkennen nun also, dass das Klima der Erde nicht in erster Linie von CO_2 und Methan gesteuert wird.
Das ist auch gut so und ist wesentlich erfreulicher, als wenn wir Menschen das Klima der Erde wirklich „kippen" könnten. (Das wäre dann nämlich ein endgültiges Kippen des Klimas!).

Kosmische Klimawechsel aber normalisieren sich immer wieder (siehe Eisbohrkerne).

Wir Menschen müssen also die Konsequenzen aus diesen neuen Erkenntnissen ziehen und rechtzeitig vorsorgen, damit auch während der vorübergehenden Klimakrisen die Milliarden von Menschen ernährt werden können.

Wenn das gelingt, gibt es weniger große Völkerwanderungen, Kriege und Zusammenbrüche großer Kulturen, wie in der Vergangenheit oft geschehen. (Siehe Bibel: und u. a. Josef von Ägypten und die 7 mageren Jahre!).
Vielleicht gibt es auch heute so kluge Menschen, wie es sie auch schon vor vielen tausend Jahren – zu Josefs Zeiten - gegeben hat!?

9. Der Urknall in der Galaxie (der andere Urknall)

Anstatt ein Urknall (Big-Bang) – viele Little-Bangs

Ich frage Herrn Wolter: „Was ist eigentlich die Grundlage Ihrer Theorie, die den Unterschied zum Big-Bang-Modell ausmacht?"

Wolter erklärt: „Neben den Gamma Ray Bursts (Little Bangs) sind es die Gezeitenkraft und die Gezeitenreibung - als Folge der Gravitation -. Diese steuern in erster Linie die Prozesse im All!
Die Himmelskörper, die einen Nachbarn haben, heizen sich gegenseitig auf und bremsen sich ab. In einer Galaxie hat quasi jeder Himmelskörper mehrere Nachbarn und wird sowohl von diesen, sowie von seiner jeweiligen Sonne als auch von dem Zentrum der Galaxie mit Gravitationskräften gehalten, beeinflusst und gesteuert. Insgesamt also ein Zusammenwirken von vielfältig wirkenden Gravitationskräften.
Das alles ist in fundamentaler Weise neu und anders, als es bisher von der etablierten Physik und auf Grund des Standard-Modells erklärt wurde."

Der große hagere Mann spricht weiter: „Einen Big-Bang aus dem Nichts gibt es nicht! Dafür – wie die immer besseren Teleskope zeigen - täglich einen oder mehrere gigantische Gamma Ray Bursts, d. h., gewaltige kosmische Explosionen in den Zentren alter elliptischer Galaxien. Ich nenne sie „Little-Bangs".
Diese Little-Bang-Explosionen verhindern, dass es eine zu starke Konzentration der Materie im All - z B. in den Galaxienclustern, in der zentralen sog. Spindelgalaxie oder auch in den Galaxienzentren - geben kann. Dasselbe gilt auch für die Konzentration in den Sonnensystemen.

Sog. „Schwarze Löcher" (als Materiegräber) sind nach physikalischen Gesetzen nicht möglich:
Durch die gigantischen kosmischen Explosionen (Gamma Ray Bursts) wird die Materie – gleich ob kleine oder große Himmelskörper oder gewaltige Gas- und Staubmassen – immer wieder weit in den Weltraum geschleudert!

Bisher glaubte man jedoch, die Materie könnte in angeblich „ewigen Materiegräbern" in sog. schwarzen Löchern auf ewig konzentriert werden. So die Big-Bang-Theorie!
Das ist jedoch in fundamentaler Weise falsch!

Richtig ist jedoch, dass die Materie sich in den Zentren der unterschiedlichen kleinen und großen Systeme durch Gravitationskräfte und entsprechende Gezeitenreibung in der Weise ballt und konzentriert, wie ich es in der Fernsehsendung vom 24.04.1991 bis in die Details beschrieben habe und auch in meinen Büchern erläutere.

Es gibt im Universum niemals nur eine Materieballung, sondern wie auch die Beobachtungen und Bilder zeigen (siehe auch den Physiker, Prof. A. P. Boss) immer mindestens **zwei** Materieballungen, die um ein gemeinsames Zentrum kreisen und sich gegenseitig in extremster Weise aufheizen.
Diese Materieballungen können Millionen aber auch Milliarden von Sonnenmassen enthalten, ohne deshalb zu einem „schwarzen Loch" zu werden, wie es von der etablierten Physik heute noch beschrieben wird.
(Wenn ich von „schwarzen Löchern" gesprochen habe, so meine ich **Materieballungen** und nicht diese ominösen schwarzen Löcher, die man bis heute nicht erklären kann).

Durch kosmische Explosionen wird die Bewegungsenergie aller Himmelskörper im All aufrecht erhalten! (Siehe Schöpferimpuls von „Newton"!).
Die Gamma Ray Bursts übernehmen also damit die Rolle, die man bisher glaubte, einem sog. Urknall zuschreiben zu müssen.

Die Konsequenz aus dieser revolutionierenden Erkenntnis ist:
Einen „Urknall aus dem Nichts" gibt es also in der kosmischen Realität gar nicht, denn man konnte ihn trotz größter Anstrengungen seit vielen Jahrzehnten bisher nicht nachweisen. Damit erübrigen sich alle weiteren Diskussionen.
So, wie auch kein Higgsfeld, keine sog. Exotische dunkle Energie, keine sog. Exotische dunkle Materie und auch keine Gravitationswellen nachzuweisen sind.

Diese „Exotiken" mussten jedoch deshalb „eingeführt" werden, um damit das Standard-Modell noch „irgendwie zu retten!"
Es war jedoch nichts mehr zu retten!
Die Gamma Ray Bursts schleudern also auch die größten Sonnen und Superplaneten aus dem Zentrum der Galaxie weit in den Raum hinaus.
Aus der bisher noch unberechenbar starken Energie = Explosionsenergie der Gamma Ray Bursts „flockt" Materie auch in feinster Gasform aus
$(m = E : c^2)$.
Diese Formel stammt von Henri Poincaré aus dem Jahre 1900.

Der umgekehrte, alltägliche und normale kosmische Vorgang wird mit $E = m c^2$ beschrieben und kann sogar in den Beschleunigern nachgestellt werden.
Ich verwende der Einfachheit halber die bekanntere letztere Formel für beide Prozesse.
Aus Explosionsenergie entsteht also feinste Materie (Gas und Staub), die u. a. auch in den Außenbereichen der Galaxien später durch die Gravitationskraft zu neuen Himmelskörpern und Galaxien durch „Rieselungen" werden. Die feinsten Materie-Teilchen werden also durch die Gravitationskraft angezogen und bilden die neuen kleinen und großen Himmelskörper.

Die Himmelskörper und Himmelskörpertrümmer werden damit zu Kristallisationspunkten, aus denen die neuen Himmelskörper und Sonnen entstehen. D. h., die neu entstandenen, feinen Materie-Teilchen **„rieseln"** auf die Trümmer hernieder und bilden damit Himmelskörper und Sonnen aller Größen.

Es mag sein, dass diese sehr einfachen Erklärungen als „zu einfach" verstanden und ignoriert werden!
Das Universum wird sich jedoch gewiss nicht nach unseren Theorien und Vorstellungen richten.
Vielmehr haben wir Homo Sapiens uns nach **dem** zu richten, was uns das All nun mit Hilfe der gewaltigen und teuren Teleskope zu zeigen bereit ist.

Wir dürfen stolz sein, dass wir Menschen in der Lage waren, solche gewaltigen Geräte zu bauen. Wir sollten unsere Sinne und unseren Verstand nicht verschließen vor **dem**, was diese Geräte uns nun von der kosmischen Realität zeigen!
Ich zitiere bei dieser Gelegenheit den Jesuitenpater Lemaitre: „**Das Universum ist für den Menschen nicht zu groß, es überschreitet weder die Möglichkeiten der Wissenschaft noch die Fähigkeiten des menschlichen Geistes!**"
Zitat Ende.

Wolter weiter:
„Wir Menschen konnten uns auf diesem schönen blauen Planten entwickeln, weil es diese genialen und gewaltigen kosmischen Prozesse schon immer im All gegeben hat und auch in Zukunft geben wird.
D. h., wir können froh darüber sein, dass es dieses gewaltige Geschehen, die Little-Bangs, im All gibt. Die Folge ist das Leben in geschützten „kosmischen Nischen". So auch in unserem Sonnen- und Planetensystem mit der Erde, die 25000 Lichtjahre vom zermalmenden Galaxienzentrum entfernt ist. Es könnte also sogar sein, dass unser Sonnensystem durch eine kleine kosmische Explosion in der Nähe des Galaxienzentrums kaum beeinträchtigt wird.

Und wir Menschen sollten immer wissen, dass unser Leben und unsere Existenz weit mehr durch Kriege und Weltkriege mit A-, B- und C-Waffen bedroht sind, als durch normale kosmische und klimatische Prozesse!
Z. B. auch die Zerstörungsgewalt von Wasserstoffbomben übersteigt unser Vorstellungsvermögen erheblich.
Wir Menschen haben es jedoch dennoch vermocht, die Angst, die wir vor solchen gewaltigen Waffen haben, dazu zu benutzen, dass es über 60 Jahre lang keine großen Weltkriege mehr auf der Erde gegeben hat. Davor waren Kriege und Weltkriege normal und üblich und haben viele Millionen von Menschen vernichtet.
Wir dürfen hoffen, dass also unsere begrenzte Vernunft durch die abschreckende Kraft der großen Waffen ergänzt und verbessert wird und wir deshalb auch in Zukunft keine großen Weltkriege führen werden.

Stattdessen aber weltweite landwirtschaftliche Strukturverbesserung und Vorsorge betreiben müssen.

Wir müssen und dürfen nun also erkennen, dass es richtig und gut für uns ist, die Realitäten, die sich auch aus dem schnell wechselnden Klima und den kosmischen Prozessen ergeben (siehe Eisbohrkerne und Sedimente), zur Kenntnis zu nehmen, sie genau zu beachten, - wie bisher oder noch mehr - vorzusorgen und nicht den Kopf in den Sand zu stecken!

Wir brauchen uns auch nicht darüber zu streiten, ob wir Menschen nun zu 10 % oder zu 90 % am sich schnell ändernden Klima schuld sind. Richtiger und zweckmäßiger wäre es gewiss, wie Joseph von Ägypten und sein Pharao zu handeln. D. h., in den „sieben fetten Jahren" Vorsorge zu betreiben.

Und zwar auch deshalb, damit aus Hunger und Not nicht neue Völkerwanderungen (siehe Untergang des Weltreiches Rom) und aus diesen Wanderungen dann neue Kriege – vielleicht sogar mit A-, B- und C-Waffen – entstehen!

Aber zurück zu den großen Galaxien-Clustern:
Wie bereits beschrieben, entstehen die gewaltig großen Strukturen im Universum oft durch die Gamma Ray Bursts. Als Folge dieser gigantischen kosmischen Explosionen entstehen die langgezogenen Galaxienanhäufungen wie „gigantische Filamente", die man auch sogar schon mit Zellen in einer Bienenwabe verglichen hat, „Wal" genannt.

Andere Wissenschaftler bezeichnen diese Beobachtungen anders und erklären die Zellen und Leerräume als ein „schaumartiges Universum", bestehend aus sog. „Blasen". Jede Blase weit gigantischer als eine gewaltige Galaxie!

Nur wenn man die gigantischen kosmischen Explosionen zu Grunde legt (Gamma Ray Bursts), kann man diese „Blasen" einfach und logisch erklären, nämlich als die Folgen der Little-Bang-Explosionen!
Erst jetzt also, durch die Erklärung der Gamma Ray Bursts, werden die gigantischen kosmischen Blasen verständlich und zeigen, dass „jede Bla-

se" durch eine gewaltige Gamma Ray Explosion entstanden ist. In meinem Buch „NO BANG" habe ich diese Vorgänge bis in die Details erklärt." So weit Meister Wolter.

Ich staune. Mit dieser sehr einfachen und logischen Begründung erklärt der Meister diese rätselhafte schaumartige oder zellenförmige Struktur des Alls, die mit dem Standard-Modell nicht zu erklären ist.
Die entdeckte Wal-Struktur des Universums (Zellen) ist eine Bestätigung der Little-Bang-Theorie (Wolter-Modell) des Meisters und beweist damit außerdem, dass das All gewiss nicht mit „einem Urknall aus dem Nichts" entstanden ist!

Die Theorie von den sog. „Schwarzen Löchern" ist ebenfalls zusammengebrochen:
Siehe Forschung aktuell: Aus Naturwissenschaft und Technik – Meldungen vom 18.10.2007:
„Ein Schwarzes Loch und sein Sternen-Nachbar geben Physikern Rätsel auf" (NATURE, Band 449, Seiten 872 bis 875).
Zitat aus „Forschung aktuell" v. 18.10.2007:
„Wissenschaftlern aus USA, Polen und DMPI in Garching ist es jetzt gelungen, die Masse des „Schwarzen Loches" zu bestimmen. Das Ergebnis stellt die Physiker vor neue Probleme: Den gängigen Theorien über die Entstehung von Schwarzen Löchern in Doppelsternsystemen zufolge, ist das Schwarze Loch von M 33 X – 7 zu massereich. Dabei hätte viel Masse ins All geschleudert werden müssen – so viel, dass kein Schwarzes Loch hätte entstehen dürfen." Zitat Ende.
Damit werden die Schwarzen Löcher in Frage gestellt. Sie müssen neu auf den Prüfstand, denn bisher konnte noch kein sog. Schwarzes Loch nachgewiesen werden.
Wolter hat in seinem Fernsehfilm beschrieben, dass das Zentrum einer Galaxie **kein** schwarzes Loch, sondern eine „komplexe Kosmosmaschine" ist. Diese hat er bis in die Einzelheiten erklärt. Durch neueste Beobachtungen wurde auch diese Voraussage bestätigt (siehe Prof. Lesch: „Was ist ein Blazar?").

Das neue Kosmos-Modell nach Hans Ulrich Wolter ist ein sehr einfaches und realistisches Modell. Es kommt ohne „endgültige" Materiegräber =

Schwarze Löcher und andere „nicht nachweisbare Exotiken" – wie dunkle Materie und dunkle Energie - aus!

Nach dem Wolter Modell nähern sich die Himmelskörper nach einer Gamma-Ray-Explosion, wie sie im Zentrum einer alten, elliptischen Galaxie abgelaufen ist, langsam und allmählich wieder aneinander an bzw. auch an ein sich neu bildendes Zentrum in der neu entstehenden, anfangs noch dunkle Spiralgalaxie.
Dieses gewaltige Neuwerdungs-Geschehen läuft in Zeiträumen von Millionen und Milliarden von Jahren ab.
Hier kann man auf Isaak Newton Spätwerk Optics verweisen: „Die Bewegungsenergie der Himmelskörper geht viel leichter verloren, als sie neu gewonnen werden kann." Zitat Ende.
Die Himmelskörper heizen sich durch Gezeitenreibungen während dieser Zeit im Innern auf, so dass sich sogar Leben auf manchen Himmelskörpern entwickeln kann.
Wärme ist einer der wichtigsten Voraussetzungen für die Entwicklung von Leben."

All dies erklärt Wolter so einfach, dass es jeder Interessierte verstehen kann.

Wolter erläutert weiter: „In den Zentren der Galaxien können die Himmelskörper sogar in **extremer** Weise durch Gezeitenreibungen aufgeheizt werden und sich durch $E = mc^2$ zu Plasma verwandeln.
D. h., sehr viele solcher außerordentlich heißen Himmelskörper können damit – und mit dem neu entstehenden, extrem heißen Plasma - einen neuen Gamma Ray Burst oder Little-Bang „vorbereiten und zünden".
Kleine und mittlere Materie-Zerstrahlungen und Materie-Explosionen (auch oft $E = mc^2$) laufen ständig in jeder Sekunde irgendwo im All ab. Siehe u. a. auch die Prozesse in unserer Sonne, in Io und im Inneren unserer Erde.
Die großen Gamma Ray Bursts explodieren dagegen nur etwa alle 10 Stunden irgendwo in den Tiefen des Alls. Fast jedes Mal entsteht dabei eine erneuerte, junge Galaxie aus der alten Galaxie.

Die Beobachtungen zeigen, dass auch u. a. in Chiron, in heißen Kometen, in den Sonnen und auch in den Galaxien ständige Materie-Explosionen ablaufen.
Nach der kosmischen Explosion „flockt" aus dieser Explosions-Energie im kalten Weltraum die neue Materie und Prämaterie in feinster Verteilung aus.

Oft besteht sie nur aus wenigen Atomen und Molekülen!
So beweisen es die „Einfang-Aktionen" der Raumsonden (siehe auch die japanischen Sonden).
Bisher konnte man diese winzigen Materieteilchen nicht erklären und wusste nicht, wie sie entstehen."

Wolter erklärt weiter: „Diese kosmischen Explosionen gibt es in gigantischen Stärken.
Galaxien und Galaxien-Cluster können damit wie ein kosmisches Herz „pulsieren" und erhalten somit die Dynamik im Universum aufrecht. Dieses Pulsieren bedeutet – wie beschrieben -, dass auch größte Himmelskörper und Sonnen weit in den Raum hinausgeschleudert werden und sich langsam wieder an ein neues Zentrum annähern."

Wolter weiter: „Ein Anfang oder Beginn des Alls ist von uns Menschen nicht zu erkennen.
So, wie auch ein Ende des Universums **nicht**!

Zu erkennen sind die ständigen Umwandlungen von Materie zu Energie oder von Energie zu Materie, nach $E = mc^2$. Diese Umwandlungen gibt es also auch im Miniformat auf und in kleineren Himmelskörpern, z. B. wenn sie in die Atmosphäre größerer Himmelskörper eintauchen und sich aufheizen. An den teuren hitzebeständigen Kacheln unserer Raumfähren und den damit verbundenen Hitzeproblemen erkennt man, welche gigantischen Aufheizungen durch Reibungen entstehen, und welche großen Anstrengungen man unternehmen muss, um das Problem zu beherrschen.

Alle Prozesse im All – also auch die Gezeitenreibungen, die Gamma-Ray-Explosionen sowie die Annäherung von Himmelskörpern aneinan-

der - wiederholen sich ständig. Durch die Annäherung heizen sich die Himmelskörper oft in extremer Weise gegenseitig auf.
Es gibt also ein ständiges „kosmisches Vergehen und Neuwerden" im All ($E = mc^2$).
Das bedeutet gleichzeitig „ewiges All"!
Diese normalen kosmischen Prozesse erhalten die Galaxien und Galaxiencluster sowie auch die kleineren Sonnensysteme, in denen dieselben Gesetze herrschen, ewig jung und neu.

Die Gamma-Ray-Explosionen erhalten damit sogar auch die Dynamik und die ständige Bewegung des Alls = „kosmisches Perpetuum Mobile" aufrecht.

Das All ist also das einzige Perpetuum Mobile, das tatsächlich seit undenklichen Äonen funktioniert.
Der „Zündstoff" für dieses Perpetuum Mobile ist extrem heiße Materie ($E = mc^2$). In der kosmischen Realität sind das die gigantischen Gamma Ray Bursts sowie auch kleinere kosmische Explosionen (u. a. Supernova-Explosionen).
Die Gezeitenreibungen sind die Folge der Gravitationskräfte, die wir immer noch nicht erklären können. Isaak Newton sagte: „Ich spekuliere nicht!" So weit Wolter.

Ich denke bei mir: „So genial und ideal hätte „dies alles" kein menschliches Wesen erdenken und erfinden können, wie es in der kosmischen Realität zu erkennen ist."

Ich frage den Meister, ob er diese wichtigen und revolutionierend neuen Erkenntnisse noch einmal kurz zusammenfassen kann.

Meister Wolter erklärt geduldig nochmals:
„Mit Gamma Ray Bursts = Little Bangs explodieren als Folge der Gezeitenreibungen und Gezeitenaufheizungen Teile der Himmelskörpermaterie und wandeln sich – wie schon gesagt - mit $E = mc^2$-Prozessen in Energie, nämlich in Explosionsenergie um.

Aus dieser Explosions-Energie flockt sofort wieder neue Materie aus. Je nach Stärke der Explosion sind das die fast hundert unterschiedlichen Elemente, die es im Universum gibt.

Diese neue Materie „rieselt" durch Gravitationskräfte auf die Himmelskörpertrümmer und Himmelskörperreste herab, die nach dem Gamma Ray Burst noch erhalten geblieben sind. Dieser Vorgang wurde bereits beschrieben.
Es entstehen dadurch wieder neue kleinere Himmelskörper, aber auch große Planeten, neue Sonnen und Monde aller Größen. Und zwar durch die Explosionskraft der Gamma Ray Bursts, nun oft weit entfernt vom ehemals starken Galaxienzentrum, von dem die gigantische kosmische Explosion = „Little-Bang" ausgegangen ist.
Je nach Stärke dieses Gamma-Ray-Burst kann das gesamte Galaxienzentrum aufgelöst werden. Es bildet sich in der Nähe dann langsam wieder ein neues Zentrum, in der anfangs noch dunkeln, nun neuen Spiralgalaxie.

Das, was der Galaxie an Materie und Energie durch den Gamma Ray Burst verloren geht, bekommt sie durch die kosmischen Explosionen anderer Galaxien in ihrer kosmischen Nachbarschaft, meist wieder zurück. Ein kosmischer Ausgleich zwischen den Galaxien kann dadurch entstehen.

Mit Materie werden manchmal auch sehr robuste „erste Lebenskeime" weit in den Raum hinaus - und zu anderen Himmelskörpern - geschleudert.
Diese ersten Lebenskeime können auch in Wasser- und Eistropfen eingeschlossen werden und verfallen dabei in eine Kältestarre, in der sie lange Zeiten überdauern können. Sie lassen sich bei geeigneten Lebens- und Umweltbedingungen wieder zum Leben erwecken und entwickeln sich weiter, so wie es wahrscheinlich u. a. auch auf der Erde einst geschehen ist. Und so, wie es auch heute und morgen – und auch auf anderen Himmelskörpern – ablaufen kann.

Inzwischen hat man auch an Sahara-Staub sehr exakt nachgewiesen, dass Keime und Spuren von Pilzen von einem Kontinent zum anderen transportieren werden können.

Was im Kleinen geschieht, kann auch in größten Dimensionen geschehen. Überall im Universum herrschen dieselben Gesetze.

Auch durch die extremen Temperaturen in der Höhe und auch durch die harten Strahlungen von der Sonne waren diese ersten Keime nicht geschädigt worden.

Die Keime einer Probe aus dem Jahre 1838 konnten nun nach 170 Jahren wieder zum Leben erweckt werden!

Ähnlich können Lebenskeime auch die harten Bedingungen im Weltraum überstehen - und in Materie bzw. Eis eingeschlossen - weite kosmische Entfernungen überbrücken.

Nach der Gamma-Ray-Explosion entstehen immer wieder neue Sonnen, neue Himmelskörper und neues Leben. Die Gamma Ray Bursts sind also die Voraussetzungen dafür, dass dieses wunderbare Geschehen ablaufen kann.

Der Gamma Ray Burst macht aus einer alten elliptischen Galaxie eine erneuerte junge Spiralgalaxie, in der sogar Leben möglich ist.

Jede erneuerte junge Galaxie ist eine einmalige neue Galaxie, die sich ständig entwickelt, ähnlich einem Lebewesen. Sie entwickelt sich oft zu einer Spiralgalaxie.

Nach Milliarden von Jahren entsteht aus einer Spiralgalaxie eine konzentrierte elliptische Galaxie.

Diese stirbt durch einen erneuten Gamma Ray Burst und eine neue Spiralgalaxie wird dadurch wieder geboren:

Der grandiose ewige Kreislauf von Sterben und neuer Geburt (Vergehen und Neuwerden) wiederholt sich ständig.

Hier in den Galaxien in genialer Eindeutigkeit zu erkennen:

Aber zurück zu den genannten „Materie-Rieselungen" und zur Entstehung einer neuen Sonne.

Eine neue Sonne entsteht durch die bereits beschriebenen „Rieselungen" von Gas- und Staubmassen auf einen Himmelskörper-Trümmer. Diese gewaltige Materieansammlung wird durch Eigendrücke und durch Gezeitenreibungen und Wallungen von Seiten der Nachbarn (Planeten und Monde) extrem aufgeheizt. Dadurch zerstrahlt und explodiert die Materie dieser neuen Sonne mit $E = mc^2$-Prozessen.

Die Materie-Zerstrahlung ($E = mc^2$), die auf – und über – der Oberfläche der Sonne abläuft, bringt, wie die Beobachtungen zeigen, die höchsten Temperaturen. Das ist eine Bestätigung für meine Erklärung. Bisher glaubte man, die Fusionsprozesse erzeugen die Sonnenstrahlung. Man konnte jedoch nicht erklären, warum unsere Sonne gerade auf ihrer Oberfläche so extrem heißer ist als in ihrem Innern.

Man erkennt auch hier die gewaltigen Kräfte und Wirkungen, die durch Gezeitenreibungen ablaufen und diese hohen Temperaturen bewirken.
Und dies nicht nur in der Sonne, sondern in geringerem Umfang auch in kleineren Himmelskörpern, wie auch die exakten Beobachtungen durch die Raumsonde Giotto in der Nähe des Kometen Halley beweisen. ($E = mc^2$-Prozesse als Folge von Gezeitenreibungen).
Also keine „Verdunstung" von angeblich „schmutzigen Schneebällen", wie bisher geglaubt und „berechnet" wurde.
Sonnenmassen, die angeblich hunderte oder tausende Mal die Größe unserer Sonne übersteigen – wie bisher oft angenommen wurde -, gibt es wohl kaum. Solche Gebilde sind keine Sonnen, ich erkläre sie genauer in meinem Buch „NO BANG."
Bisher aber glaubten etablierte Physiker, eine Sonne könnte nur mit einer gewaltigen Implosion entstehen."
„Wenn das wirklich so abgelaufen wäre", sagt Wolter, „dann hätte es uns Menschen, unsere Erde und alles sonstige Leben auf dieser Erde nie gegeben.

Es muss nicht bei jeder kosmischen Explosion im Galaxienzentrum eine neue Spiralgalaxie entstehen. Es kann auch sein, dass zuvor mehrere schwächere kosmische Explosionen im Galaxienzentrum abgelaufen sind, die nicht ausreichen, um aus einer alten elliptischen Galaxie eine neue Spiralgalaxie zu „machen"!

Jede dieser schwächeren Explosionen schleudert jedoch eine kugelförmige Explosionshülle in den Raum hinaus, aus deren Energie neue Materie – wie bereits beschrieben - ausflockt!
Man kann sogar bis elf ineinander geschachtelte Explosionshüllen um eine starke elliptische Galaxie herum erkennen!"

„Das ist aber doch sehr vielschichtig und komplex", stöhne ich.

„Wenn Sie auch nur ein einfaches, kleines Lebewesen – wie z. B. ein Insekt - erklären wollen", lacht Wolter, „ist dessen Erklärung noch vielschichtiger und noch komplexer!
Und Sie wollen doch alles ganz genau wissen!"
Und der Meister fährt fort: „In diesen – nun inzwischen weit entfernten - Explosionshüllen entstehen später u. a. auch die sog. Kugelsternhaufen (aus Trümmern, Gas und Staub, wie beschrieben) um die Galaxie herum. Es handelt sich um alte Sonnen und Himmelskörper-Reste, die durch den Gamma Ray Burst weit in den Raum geschleudert wurden und durch ihre Gravitationskraft neue Materie – meist Wasserstoffgas – „eingesammelt" haben. Sie nähern sich – wie bereits erwähnt – durch die Gravitationskräfte aneinander an (siehe Newton in „Optics"!)."

Wolter erklärt weiter:
„Durch die Gamma-Ray-Explosionen oder Little-Bangs entstehen auch die Quasare. Bisher glaubt man, die Quasare seien die Zentren uralter, weit entfernter Galaxien.
Es handelt sich jedoch um stark beschleunigte Materie-Ballungen aus dem Zentrum einer elliptischen Galaxie nach einem Gamma Ray Burst.
Die sog. Quasare sind oft noch wie mit Nabelschnüren aus Gas und Staub mit der Muttergalaxie verbunden. (Siehe hierzu auch die Forschungsergebnisse von Prof. Halton Arp aus München, der meine Erklärung damit bestätigt!).
Entgegen der Flugrichtung der Quasare schießt aus ihnen ein heller Feuerschweif durch $E = m c^2$-Prozesse in den Raum. Ähnlich einem Raketenstrahl, der bekanntlich ebenfalls in die rückwärtige Richtung schießt.

Diesen kosmischen Quasar-Schweif erkennen wir als „rot verschoben", wenn er in die vom Betrachter aus gesehene rückwärtige Richtung schießt! (Siehe Film in „Sonde-Technik-Wissenschaft"!)."

Wolter erklärt weiter: „Nach den bisherigen Erklärungsversuchen, die sich auf die Urknall-Theorie stützen, sollten u. a. diese Quasare und ihre oft extreme Rotverschiebung - bis z 12 und mehr - der Beweis sein, dass sich das gesamte All ausdehnt.
Wenn das wirklich in der kosmischen Realität der Fall wäre, dann wäre also das All – die Galaxien und auch unser Sonnensystem und damit auch die Erde – sehr schnell dem Tode und dem Untergang geweiht!
Dann gäbe es nämlich nur zwei tödliche Möglichkeiten entsprechend den absurden Theorien des Standard-Modells:
Entweder die endgültige Auflösung der Galaxien mit dem expandierenden All, oder die endgültige Konzentration der Galaxie zu einem „Schwarzen Loch" (ebenfalls tödlich).
Andere Möglichkeiten lassen die ehernen Gesetze der Physik nämlich nicht zu.
Beides (Konzentration oder Auflösung) ist jedoch nicht der Fall! Die Beobachtungen zeigen das sehr exakt.
Ich zitiere Albert Einstein:
„Denn jeder Prozess, der das Universum oder die Galaxien wesentlich verändern oder zerstören könnte, sei es durch die Expansion des Universums oder sei es durch die Gravitation, die in Richtung „unendliche Konzentration" (schwarzes Loch) wirken würde, hätte die Veränderung – ganz gleich wie langsam – bereits vollbracht. Jedoch das Universum und die Galaxien existieren nach wie vor in ihrer grandiosen erkennbaren Schönheit." Zitat Ende.

Man erkennt auch hier: Die kosmische Realität ist erheblich genialer als dies bisher von der Standard-Theorie angenommen wurde.

Das bedeutet, das bisherige Standard-Modell ist also ein **falsches Modell**, das dem All und dem Leben keine Chance gelassen hätte.
Das zeigt sich auch in der bisherigen Annahme, die Sonne müsste sich aufblähen und alles Leben auf der Erde endgültig und unabwendbar ver-

nichten. So die herrschende Big-Bang-Theorie (Standard-Modell!), die damit Weltuntergangsängste schürt." So weit Wolter.

Wolter ist wohl durch die oft ablehnende Haltung mancher Kollegen – und der Medien – ein eher zurückhaltender Mann.

Um mehr über sein revolutionierend neues Modell zu erfahren und ihn zum Reden zu veranlassen, lobe ich ihn und sage:
„Ihr Modell ist entgegen der Urknall-Theorie optimistisch und realistisch! Und der Gedanke, dass die Sonne sich aufblähen und alles Leben vernichten würde, gefällt mir gar nicht, denn das hört sich ja wie der „Jüngste Tag" an."

Der Meister erklärt einsilbig: „Ich habe die gesamte Bibel einschließlich „Altes Testament" gelesen.
Und halte diese alten Überlieferungen für höchst lesenswert."

„Erzählen Sie mir mehr darüber", fordere ich ihn auf, weil ich merke, dass er darüber nicht gerne reden will.

Widerwillig erklärt er:
„In der Apokalypse, in der „Offenbarung des Johannes" wird u. a. über einen solchen „Jüngsten Tag" berichtet.
Es ist möglich, dass diese und andere Berichte von unseren frühen Vorfahren überliefert sind.
D. h., wir sollten solche Berichte nicht nur als religiöse Märchen ansehen, sondern sollten erkennen, dass auch die Eisbohrkerne und Sedimente uns zeigen, dass diese Berichte aus den alten Überlieferungen einen wahren Kern haben:
Wahrscheinlich haben unsere Vorfahren solche kosmischen und klimatischen Prozesse selbst miterlebt und mit erlitten und diese mündlich an die nächsten Generationen überliefert.
Vielleicht sind sie dann später erst – und oft erheblich verfälscht – niedergeschrieben worden (siehe z. B. Apokalypse Offenbarung des Johannes, Bibel!).

Auch das Sterben der Dinosaurier vor über 65 Millionen Jahren zeigt uns – genau wie 1994 die Explosion der Trümmer von Shoemaker Levy 9 – dass es ständig irgendwelche stärkeren oder schwächeren kosmische und klimatische Veränderungen gegeben hat und natürlich auch weiterhin geben wird.

Das beweist auch die sog. „Kleine Eiszeit", die in Westeuropa nach 1315 - schnell wechselnd – meist kühleres Klima mit sich brachte. Durch Nahrungsmangel, Krankheiten und Kriege gab es dadurch viele Millionen Tode. Die „Kleine Eiszeit" dauerte mit mehreren Unterbrechungen bis etwa zum Jahre 1900 n. Chr.

Man sollte genauer überprüfen, wie sich diese sog. „Kleine Eiszeit" weltweit und also wohl auch in anderen Kontinenten ausgewirkt hat.
Auch in anderen Kulturen – wie z. B. in Südamerika und Asien – gab es erhebliche Auswirkungen und Umwälzungen!

D. h., erst seit etwa hundert Jahren ist es nach der sog. „Kleinen Eiszeit" insgesamt wärmer auf der Erde geworden.
Das ist eine positive Entwicklung, von der wir Menschen insgesamt profitieren.
Die letzte sog. „Kleine Warmzeit" gab es vor etwa tausend Jahren, als es den Menschen ebenfalls so gut ging, dass sie große Kirchen und Dome bauen konnten.
D. h., vor der „Kleinen Eiszeit" war es also oft sogar noch wärmer als heute.
Es wäre unverantwortlich von uns, auf solche ganz normalen Schwankungen des Klimas (siehe Eisbohrkerne) nicht hinzuweisen. Da es in früheren Zeiten noch keine Industrien gab, konnten die Menschen an diesen Klimaveränderungen, wie die Eisbohrkerne beweisen, nicht schuld gewesen sein!
Diese Schwankungen des Klimas sind, wie Forscher erklären, bereits viele Dutzende Male abgelaufen. Und sie werden natürlich auch in Zukunft kommen und gehen.

Das Klima wird also auch von der Sonne, aus dem Weltraum und aus dem Erdinneren gesteuert. Das kann nicht deutlich genug immer wieder erklärt werden!

Und um auch diese oft sehr abrupten Klimawechsel – manchmal innerhalb von nur Monaten und Jahren (siehe Eisbohrkerne) – besser zu verstehen, muss es eine bessere Kosmoserklärung geben! Wir dürfen nicht weiterhin von solch absurden und falschen Voraussagen ausgehen, wie sie sich seit Lemaitre und mit der sog. Urknall-Theorie eingeschlichen haben!

Mit der – auf Lemaitre aufbauenden – Physik und Kosmologie (Standard-Modell) behauptet man – ohne Beweise zu haben -, die Sonne müsste alles Leben auf der Erde vernichten.
Und man behauptet weiterhin, weil man das ständig wechselnde Klima nicht erklären kann:
Wir Menschen würden nun das Klima kippen.

Richtig ist: Die Sonne – etwa 300.000 Mal massereicher und größer als die Erde -, steuert unseren blauen Planeten in vielerlei Hinsicht sehr entscheidend. Vor allem auch, was das Klima betrifft!

Auch die Eisbohrkerne und Sedimente beweisen uns also – ohne dass ein Zweifel möglich ist -, dass es in der Vergangenheit bereits viele erhebliche und schnelle Klimaveränderungen auf der Erde gegeben hat, die meist von der Sonne gesteuert wurden. Auch dadurch, dass sich ein Himmelskörper an die Sonne annähert und über ihr explodiert und zerstrahlt und die Sonne dadurch abgedunkelt wird.
Heute wird diese Verdunkelung „Solar Dimming" oder „Global Dimming" genannt.
Einige Wissenschaftler sind neuerdings der Ansicht, dass die Gas- und Staubauswürfe aus unseren Industrien auch positive Auswirkungen haben können, denn es wurde nachgewiesen, dass diese durch die Staubmassen die Sonneneinstrahlungen vermindern und somit einen kühlenden Effekt haben (Siehe „Solar- oder Global-Dimming!"). Darüber hinaus sollen manche dieser Gas- und Staubpartikel auch einen Düngungseffekt für Pflanzen und Meeresalgen haben.

Wir haben an der „kosmischen Bombe Shoemaker Levy 9" im Jahre 1994 mit eigenen Augen und Teleskopen gesehen, wie gewaltige dunkle Gas- und Staubmassen über dem Jupiter entstehen.
Wenn dasselbe über der Sonne geschieht, kann es 8 Minuten später – je nach Größe dieses Himmelskörpers und Ausbreitung der Staubmassen um die Sonne – dunkler auf der Erde werden, denn so lange brauchen die Sonnenstrahlen bis zur Erde.(Global-Dimming).

Auch in der Zukunft kann es also abrupte Klimawechsel wieder geben!

Wenn sich ein kleiner Himmelskörper wie Apophis an die Erde annähern würde, wie für das Jahr 2029 vorausgesagt wird, haben wir heute evtl. bereits die Chance und Möglichkeit, ihn - oder seine Trümmer – mit starken Sprengstoffen wieder zurück in den Weltraum zu schleudern.

Wenn sich dagegen ein Himmelskörper an die Sonne annähert, haben wir diese Möglichkeit vorläufig wohl noch nicht!

Wir müssen damit rechnen, dass sich jederzeit einer von vielen zehntausend Himmelskörpern - unterschiedlicher Größe -, die um die Sonne kreisen, sich an diese – oder auch an die Erde - annähern können. Wissenschaftler haben vorausgesagt, dass im Jahre 2029 der Himmelskörper Apophis sich an die Erde annähern würde. (Siehe hierzu Deutschlandfunk – Sternzeit – vom 03.07.2008 „Sicherheit für die Erde" von Damond Benningfield).
Es kann außerdem sein, dass ein oder mehrere Teilstücke des Merkur, der sich an die Sonne annähert, nach einer starken $E = mc^2$-Explosion zusammen mit Gas- und Staubmassen in Richtung Sonne geschleudert werden.

Niemand weiß, wann das geschehen kann.
Merkur ist deshalb so heiß (etwa 500 °C. auf der Oberfläche und Millionen Grad C. heiß im Innern), weil auch er natürlich durch starke Gezeitenreibungen und Gezeitenkräfte in extremer Weise aufgeheizt wird. Ähnlich wie auch der Jupitermond Io.

Es ist nicht schwer, diese Prozesse zu erkennen und vorauszusagen.

Man darf sich jedoch darüber wundern, warum das alles so wenig bekannt ist.
Will man es den Menschen nicht mitteilen?
Die Raumsonde „Soho", die zwischen Sonne und Erde kreist, macht ständig sehr exakte Bilder von der Sonne und von Merkur, der die Sonne auf sehr engen Bahnen umkreist.

Merkur bleibt eine „kosmische Bombe" mit Zeitzünder.
Wir wissen nicht, wie dieser Zünder eingestellt ist.

Ähnliche „kosmische Bomben" oder deren Trümmer werden die Sonne oder die Erde jedoch nicht **direkt** treffen – wie bisher laut Standard-Modell befürchtet – , sondern sie werden sich langsam (je nach Größe des Himmelskörpers) über einen längeren Zeitraum hinweg an die Erde oder die Sonne annähern (siehe Shoemaker Levy 9 und Jupiter).
Die Annäherung von Shoemaker Levy 9 an den Jupiter hat viele Monate lang gedauert."

Wolter weiter:
„Das All zeigt uns, dass wir Menschen nach naturwissenschaftlichen und physikalischen Gesetzen nicht ein All aus dem Nichts (Big-Bang) und mit mathematischen Formeln und Gleichungen „errechnen oder berechnen" können!
Nun erkennen viele endlich, dass wir uns um 120 Größenordnungen verrechnet haben.
(Siehe „Spektrum der Wissenschaft" vom Dezember 2007, Seite 42 von Dr. Thilo Körkel über Prof. Hasinger aus Garching und die neuesten Entwicklungen in der Kosmologie).
Nach der Urknall-Theorie errechneten viele angeblich sehr genau, dass die erste Materie (Wasserstoff, Gas und Helium) nach dem sog. Big-Bang angeblich das All mit einer Gleichmäßigkeit (Isotropie) von 99,99999 % erfüllte.

Nun muss man jedoch nur noch „berechnen", wie daraus – bei einem angeblich expandierenden All – Himmelskörper und Galaxien aus diesem explodierenden, expandierenden und völlig gleichmäßig verteilten Gas, entstehen sollen. Nach physikalischen Gesetzen eine völlige Unmöglichkeit!

Denn nach den Gesetzen der Physik und nach menschlicher Logik ist es gewiss nicht möglich, dass aus expandierendem Gas auch tatsächlich Planeten, Sonnen und Galaxien entstehen können. Bisher glaubte man, diesen Vorgang mit sog. „Dunkler Materie" erklären zu können. Aber man hat seit Jahrzehnten noch kein Atom dieser „Exotik" nachweisen können.

Aber auch **wenn** man sie nachweisen könnte, so hätte man die bestehenden Widersprüche dennoch nicht gelöst. Denn dann müsste man erklären können, warum denn die Dunkle Materie nicht ebenfalls expandiert!

Richtig ist jedoch:
Aus dem Gas, wie es ähnlich in der Atmosphäre der Erde anzutreffen ist, oder aus der Luft (ebenfalls Gas in einem Zimmer) ballen sich gewiss keine Materieklumpen zusammen und gewiss auch nicht, wenn diese Gasteilchen sich mit gigantischen Geschwindigkeiten – wie vorausgesetzt – voneinander wegbewegen (= sog. Expansion des gesamten Alls). Noch viel weniger entstehen Klumpen oder Ballungen (Himmelskörper, Sonnen und Galaxien) aus expandierendem Gas!

Es gibt noch einen weiteren schwerwiegenden Beweis, dass das Standard-Modell nicht stimmig ist:
Wenn das All nach dem Urknall angeblich zu 99,99999% gleichmäßig mit H-Atomen und Helium-Gas gefüllt war, dann muss erklärt werden, wie es jetzt zu den gigantischen Materiekonzentrationen, z. B. in den sogen. Galaxienhaufen = Galaxien-Clustern (Tausende von Galaxien auf relativ engem Raum zusammen) kommen kann.
Und wie kommt es andererseits zu den genau so gigantischen Leerräumen (Voids) mit einem Durchmesser von mehr als einer Milliarde Lichtjahren?
Diese Leerräume wurden kürzlich nachgewiesen und konnten nicht verstanden werden.
Solche Widersprüche sind ebenfalls mit keiner menschlichen Logik und keinem Naturgesetz zu erklären:
Entweder ist der Raum mit 99,99999% gleichmäßig mit Materie gefüllt,

oder er ist **hier** klumpig und **dort** leer (entmischt), so wie die Beobachtungen sehr exakt zeigen.
Beides gleichzeitig – hier Galaxien-Cluster und dort Voids – ist mit der 99,99999%igen gleichmäßigen Materieverteilung (Isotropie) nicht vereinbar!
Es muss erklärt werden!
Da das bis heute nicht möglich ist, kann das Standard-Modell also nicht richtig sein!
So einfach ist die Beweisführung in einer **seriösen Wissenschaft**.

Und wenn sich heute angeblich die Galaxien von einander wegbewegen, wie das Standard-Modell voraussetzt, dann müsste auch damals jedes H-Gasatom dieselbe Fluchtbewegung zeigen und mit gigantischer Geschwindigkeit von jedem anderen Gasatom fliehen (Expansion). Und dabei können – wie gesagt - gewiss keine Himmelskörper und keine Galaxien entstehen.
Das kann jedermann erkennen!
„Wenn er will!" (so sagt es der 15-jährige Schüler Alexander Reinders!).

D. h., die bisherigen Erklärungen sind mit den ehernen Gesetzen der Physik nicht zu vereinbaren (siehe Kausalitätsprinzip!). Der Volksmund sagt ganz einfach: „Aus nichts kommt nichts"!

Wir Menschen können uns eine Ewigkeit oder Unendlichkeit nicht gut vorstellen.
Genau diese Ewigkeit aber zeigt uns das All.
Wenn wir des Nachts in den majestätischen Weltraum - in den bestirnten Nachthimmel schauen -, erahnen wir diese Unendlichkeit.
Dieses gigantische All mit etwa 200 Milliarden Galaxien kann gewiss nicht einfach so – angeblich nach den Theorien des Standard-Modells – zu Nichts vergehen.
Dies entspricht nicht den kosmischen Realitäten, die uns das dynamische All zeigt. Ein All, dessen „angeblichen Anfang" aus dem Nichts wir gewiss nicht erkennen oder berechnen können.

Auch in den Eisbohrkernen und Sedimenten können wir die Dynamik des Alls, von dem die Erde ein Teil ist, erkennen.
Eine Dynamik, die sich u. a. auch in oft sehr abrupt wechselnden Klimaphasen zeigt:
Die Durchschnittstemperaturen auf der Erde haben sogar um mehr als 15 ° C. geschwankt. Und diese Klimawechsel wurden gewiss nicht von den Menschen, sondern vom kosmischen Umfeld – einschließlich u. a. Sonne, Mond, Merkur, Jupiter, Venus, Mars und dem Galaxienzentrum – gesteuert und beeinflusst, und zwar u. a. auch durch Gezeitenkräfte.

Siehe auch die verschiedenen Naturkatastrophen, die von den Eisbohrkernen bestätigt werden. In der Bibel Plagen, Sintflut oder Apokalypse genannt.
Heute nennen wir diese Vorgänge Warm- oder Eiszeiten, auch kosmische oder klimatische Katastrophen. Auch die sog. „Kleine Kaltzeit" war eine milde Klimaveränderung, die jedoch schlechte Ernten und schwere Kriege zur Folge hatte." So weit Wolter.

10. Die Beweise für das Wolter-Modell

(Die Beobachtungen haben inzwischen die Richtigkeit des Modells bestätigt).
Das Jahr 2009 ist das Jahr der Astronomie

Es hat inzwischen sehr große Neuigkeiten gegeben, die das Wolter-Modell als richtig erscheinen lassen. Also will ich Ihnen diese Neuigkeiten übermitteln.
Nachstehende Beobachtungen – auch jüngeren Datums - haben die Voraussagen von Hans Ulrich Wolter (siehe die Fernsehsendung – Sonde-Technik-Wissenschaft – vom 24.04.1991) bestätigt:

1. www.scinexx.de
Das Wissensmagazin

Loch im Universum entdeckt

Gewaltige Himmelregion ohne Materie verblüfft Forscher

Astronomen haben ein riesiges Loch im Universum entdeckt. In diesem Bereich von mehr als einer Milliarde Lichtjahren Durchmesser existiert weder normale Materie noch dunkle Materie, es scheint einfach leer zu sein. Wie sie im „Astronomical Journal" berichten, wurden schon zuvor kleine „Löcher" beobachtet, niemals jedoch ein so gewaltiges.

Schon seit Jahren kennen Astronomen Bereiche im Weltall, die im großen Maßstab gesehen weitestgehend frei von Materie sind. Die meisten von ihnen sind jedoch relativ klein. „Man hat nicht nur bisher keine Löcher dieser Größe entdeckt", erklärt Lawrence Rudnick, Professor für Astronomie an der Universität von Minnesota. „Wir haben auch niemals Löcher dieser Größe auch nur erwartet." Der Wissenschaftler hatte gemeinsam mit Kollegen Daten der NVSS-Erhebung des Very Large Array (VLA) Radioteleskops analysiert. Aus den Werten ergab sich für eine in der Konstellation Eridanus, südwestlich des Orion gelegene Region ein deutliches Absinken der Galaxienzahl.

„Kalter Fleck im Mikrowellenhintergrund
„Wir wussten bereits, dass an diesem Punkt des Himmels irgendetwas anders ist", so Rudnick. Bereits zuvor war dieser Bereich „WMAP kalter Fleck" genannt worden. Denn in der Karte der kosmischen Hintergrundstrahlung, die durch das Mikrowellenobservatorium Wilkinson Microwave Anisotopy Probe (WMAP) ermittelt wurde, findet sich hier eine Stelle besonders geringer Strahlung. Die Hintergrundstrahlung gilt als eine Art „Babyportrait" des Universums, denn sie spiegelt die Strukturen des Weltalls nur wenige hunderttausend Jahre nach dem Urknall wieder.

Seit der Beobachtung des „kalten Flecks" in der Mikrowellenkarte fragten sich die Astronomen, ob er wirklich auf eine relativ leere Stelle in der kosmischen Struktur hindeutet, oder aber ob vielleicht einfach ein Objekt zwischen dem Observatorium und der Stelle die Strahlung verdeckt und damit die Messungen verfälscht haben könnte. Die neue Studie hat diese Fragen nun eindeutig beantwortet: Da auch sie in dieser Region keine Galaxien fand, muss es sich um eine tatsächlich leere Stelle im kosmischen „Gewebe" handeln.

Rätselhaftes Phänomen
Zwar müssen die Daten noch weiter bestätigt werden, doch die Astronomen gehen schon jetzt davon aus, dass das beobachtete „Loch" in rund sechs bis zehn Milliarden Lichtjahren Entfernung von der Erde die kalte Stelle im Mikrowellenhintergrund verursacht. Rätselhaft bleibt sie dennoch: „Was wir gefunden haben ist absolut nicht normal", so Liliya Williams, ebenfalls Astronomin an der Universität von Minnesota. „Es entspricht weder den bisherigen Beobachtungen noch den Computermodellen der Evolution des Universums."

(NPO,University of Minnesota,24.08.2007)

Siehe die Sendung 3-sat/nano vom 02.10.2007,
aktualisiert am 20.01.2009
(Auszug):

„Ein weiteres Problem quält die Physiker: Astronomen haben ein gigantisches Loch im Weltraum entdeckt und rätseln, wie es entstehen konnte. In dem kosmischen Leerraum gibt es buchstäblich nichts: keine Sterne, keine Galaxien, keine schwarzen Löcher, selbst von der mysteriösen dunklen Materie gibt es keine Spur.

In einem Bereich von einer Milliarde Lichtjahren ist einfach nichts, wie Forscher der Universität von Minnesota am Donnerstag, den 23. August 2007 erklärten. Bereiche im Weltraum, in denen nichts zu finden ist, sind schon länger bekannt. Das jetzt entdeckte Loch übersteigt die Vorstellungskraft der Forscher und bringt sie in Erklärungsnot. "Es ist tausend Mal größer als eine typische Leere", erklärt Astronomieprofessor Lawrence Rudnick. Er entdeckte die Leere mit Hilfe der Radioastronomie. Dann verglich er seine Ergebnisse mit Beobachtungen zur kosmischen Hintergrundstrahlung. Diese bestätigten, dass sich dort ein kalter Fleck befindet. Die einzige Erklärung dafür ist, dass es dort keine Materie gibt, erklärte Rudnick.

Das Gebiet ist zwischen fünf und zehn Milliarden Lichtjahre von der Erde entfernt. "Das ist wohl etwas, das sehr ernst genommen werden muss", kommentierte der Astronom Brent Tully von der Universität von Hawaii, der nicht an der Arbeit von Rudnick beteiligt war, aber die andere Leere untersucht, die deutlich kleiner und nur rund zwei Millionen Lichtjahre von uns entfernt ist. Löcher im Universum entstehen vermutlich dadurch, dass Gebiete mit einer großen Masse mit ihrer Schwerkraft Materie aus weniger dichten Gebieten abziehen, erklärte Tully." Ende des Zitats von 3sat/nano.

Zusammenfassender Kommentar von Hans Ulrich Wolter zu diesen gigantischen Leer-Räumen (Voids):

„Das Standard-Modell kann nicht erklären, warum es einerseits die Leer-Räume und andererseits die Materie-Ballungen im All gibt.

Denn es geht nämlich davon aus, dass die Materie vor etwa 13 Milliarden Jahren – nach dem Urknall - mit einer Gleichmäßigkeit von 99,99999 %

im All verteilt gewesen sei! (Siehe die sog. 2,7-K-Strahlung – auch „Echo des Urknalls" genannt!).

An dieser Messung ist nicht zu zweifeln! Für sie ist sogar ein Nobelpreis vergeben worden.

Nach den Gesetzen der Physik und den geltenden ehernen Naturgesetzen, die keine Ausnahme zulassen, ist es also nicht möglich, dass Gebiete von solchen Größen in der zur Verfügung stehenden Zeit (etwa 13 Milliarden Jahre) von aller Materie „leer geräumt" werden könnten. Auch der Hinweis auf eine „Ausnahme bzw. Zufall" kann hier nicht akzeptiert werden.

Beide Beobachtungen lassen sich also nicht auf einen gemeinsamen Nenner bringen:

Sie schließen sich vielmehr gegenseitig völlig aus! (D. h., wenn man das bisherige Erklärungs-Modell der Standard-Theorie zu Grunde legt).

D. h., dieses Modell – auch Big-Bang-Modell genannt – muss in grundlegender Weise also geändert werden und auch: die 2,7-K-Strahlung kann also nicht – wie bisher angenommen – das angebliche „Echo des Urknalls" sein!

In meinem Modell dagegen ist diese Unterschiedlichkeit von einerseits gigantischen Materieballungen (Galaxien) und andererseits den gewaltigen Voids selbstverständlich, denn durch die Gravitationskraft müssen Ballungen und Voids ganz automatisch entstehen, denn ich gehe – wie die Großen der Physik – von einem ewigen All aus. Und in einem ewigen All gibt es genügend Zeit, damit diese gigantischen Voids und andererseits die gewaltigen Materie-Ballungen = Galaxien entstehen können.

Und genau **das** zeigen die Beobachtungen im Weltall und bestätigen damit ebenfalls das Wolter-Modell. So nannte es auch der Moderator von „Sonde-Technik-Wissenschaft", Dr. Peter Rost.
Die Aufzeichnung dieser Sendung ist bei mir einzusehen.

Ich bin sehr froh, dass ich neue und bessere Erklärungen für die Phänomene 2,7-K-Strahlung und Voids vorstellen konnte!

Ich stelle anheim, meine Bücher und verschiedene Arbeiten, die ich u. a. auch in den USA veröffentlicht habe, zu prüfen." So weit Wolter.

2) Gegenverkehr im Milchstraßen-Halo
„Nature", Bd. 450, S. 1020
(siehe auch „Spektrum der Wissenschaft" vom Februar 2008!)

Die rotierende Scheibe der Milchstraße wird von einer kugelförmigen Hülle umschlossen. Dieser so genannte Halo enthält alte Sonnen, Kugelsternhaufen und Dunkle Materie. In jüngster Zeit gab es Hinweise, dass er aus zwei unterschiedlichen Komponenten besteht. Dazu zählten Untersuchungen des chemischen Aufbaus von Sternen im Halo-Inneren. Sie basierten allerdings nur auf kleinen Stichproben. Nun haben Astronomen um Daniela Carollo vom Osservatorio Astronomico in Turin die bislang umfangreichste Analyse durchgeführt. Sie beruht auf Daten von mehr als 20 000 Sternen aus der Hülle der Milchstraße, die im Rahmen des Sloan Digital Sky Survey vermessen wurden. Die neue Untersuchung ergab eklatante Unterschiede zwischen innen und außen. So rotieren die Komponenten des inneren Halos im selben Drehsinn wie die galaktische Scheibe, allerdings viel langsamer – mit 80 000 gegenüber 800 000 Kilometern pro Stunde. Die äußeren Sterne dagegen fliegen doppelt so schnell in entgegen gesetzter Richtung. Auch die Zusammensetzung ist deutlich verschieden. Die Sterne der inneren Hülle enthalten dreimal so viele schwere Elemente wie die der äußeren. Der Halo der Milchstraße besteht aus zwei Hüllen, die in entgegen gesetzter Richtung rotieren.

Anmerkung von Hans Ulrich Wolter:
„Vorstehende Ausführungen sind eindeutige Bestätigungen für mein Galaxienmodell (siehe „Sonde-Technik-Wissenschaft" vom 24.04.1991!), siehe meine Email an NATURE vom 08.02.2008 (20.000 Sonnen drehen sich so, wie ich es vor über 17 Jahren im Fernsehen „Sonde-Technik-Wissenschaft" richtig voraussagte!).
Wortlaut der Email:

Sehr geehrte Damen und Herren,
anbei ein kurzer Auszug aus „Spektrum der Wissenschaft" vom Februar 2008, der sich auf NATURE bezieht.

Ich freue mich, Ihnen mitteilen zu können, dass ich die stimmige Erklärung für diese bisher unerklärlichen Phänomene in unserer Galaxis und auch in der benachbarten M 31 bereits am 24.04.1991 gegeben habe, und zwar in der Fernsehsendung „Sonde-Technik-Wissenschaft".
Ich hatte damals in dem Farbfilm mit meinen zwei Fäusten dargestellt, wie diese gewaltigen Prozesse im Zentrum einer Galaxie ablaufen, und meine Erklärungen, die damals nur auf Ablehnung gestoßen sind, haben sich durch diese neuen Beobachtungen als richtig erwiesen.

Die neuen Erkenntnisse, die durch die exakten Beobachtungen der italienischen Kollegen (siehe Anlage!) möglich wurden, sind also eine bedeutende Bestätigung meines damaligen Vortrages im Fernsehen.
Die Fernsehsendung habe ich – zusammen mit den dazugehörigen Bilddokumentationen – auf Band.

Sie können auf dem Film erkennen, dass meine Voraussagen richtig waren und dass die bisherigen Galaxien-Erklärungen nun also überdacht werden müssen (siehe u. a. auch Prof. H. J. Fahr, Universität Bonn und sein bemerkenswertes Buch: „Der Urknall kommt zu Fall"). Siehe auch Prof. Halton Arp! Er hat beobachtet, dass Quasare und Galaxien trotz unterschiedlicher Rotverschiebung mit Materiebrücken verbunden sind! Das ist eine Revolution, die die bisherigen Erklärungsversuche stark in Frage stellt!

Wenn Sie an einer Veröffentlichung meiner revolutionierend neuen Erklärungen interessiert sind, lassen Sie es mich bitte wissen."

Hochachtungsvoll
Hans Ulrich Wolter

Weitere Aussagen von H. U. Wolter:

„Die völlig gleichmäßige Hintergrundstrahlung (2,7-K-Strahlung) wird von mir als die Summe aller Aktivitäten ($E = mc^2$, d. h. kosmische Normalität) im All beschrieben.
In der etablierten Physik dagegen wird diese völlig gleichmäßige 2,7-K-Strahlung als das angebliche sog. „Echo des Urknalls" apostrophiert. Das ist ein gewaltiger Unterschied in der Beurteilung der kosmischen Hintergrundstrahlung, wie dies auch bei der unterschiedlichen Beurteilung der Galaxien der Fall ist. Dieser Unterschied ist nicht zu überbrücken und nicht zu übersehen und beweist, dass ein Umdenkungsprozess dringend nötig ist.

Ich beschrieb im Fernsehen auch, wie die alten Himmelskörper der alten Muttergalaxie weit in den Raum ins sog. Halo (wie es die italienischen Forscher nennen) geschleudert werden.
Ich zeigte außerdem, wie im Zentrum der gewaltigen Muttergalaxie die neue, anfangs kleine Tochtergalaxie, die später zur großen Spiralgalaxie wird, entsteht.

Ich zeigte und erklärte auch, dass die alten Himmelskörper der alten Muttergalaxie die entgegen gesetzten Drehrichtungen haben müssen als die der neuen Tochtergalaxie.

Diese unterschiedliche Drehrichtung der Himmelskörper in einer neu entstehenden Galaxie ergibt sich ganz selbstverständlich durch die physikalischen Gesetze. Siehe Raketenprinzip von Hermann Oberth, das auch in der Galaxie genauso gilt wie auf der Erde. Siehe auch die großen Düsenflugzeuge und ihre Kondensstreifen! Auch sie schießen so lange, bis sie in der Erdatmosphäre abgebremst werden, in die entgegen gesetzte Richtung, in der das Flugzeug unterwegs ist." So weit Wolter.

Wolter weiter:
„Die Milliarden Sonnen in der jungen Tochtergalaxie, die ich in meinem Film zeigte, haben diese gegenläufige Drehrichtung der alten Himmelskörper in der alten Muttergalaxie!

Und dass dies in der kosmischen Realität wirklich so ist, das beweisen die italienischen Forscher durch ihre exakten Beobachtungen und bestätigen damit meine Erklärungen im Fernsehen vor 18 Jahren. Zuvor hatte ich diese neuen Erklärungen auch in meinem Werk „Universum" – sowie in den USA – veröffentlicht und bei Notaren hinterlegt.

Viele etablierte Physiker, die an ihren alten Theorien festhalten wollen, werden nun jedoch versuchen, diese eindeutigen Beobachtungen und Fakten irgendwie anders – auch mit Hilfe von unbeweisbarer dunkler Materie und dunkler Energie zu erklären. Dafür müsste man diese Exotiken allerdings erst einmal nachweisen können. Das aber ist ihnen bisher nicht gelungen. Die Galaxien müssen nun so erklärt werden, wie es die Beobachtungen der italienischen Forscher sehr exakt vorgeben und zeigen!
Die unterschiedlichen Drehrichtungen der Himmelskörper in ein und derselben Galaxie beruhen also auf einfachen physikalischen Gesetzen, wie dies auch in meinem Film gezeigt wurde.

Die Nachbargalaxie Andromeda= M 31
Ich bewies in meinem Fernsehfilm diese unterschiedlichen Drehrichtungen der Himmelskörper auch mit Hilfe der farbkodierten Aufnahme der nahen Nachbargalaxie M 31, die größer ist als unsere eigene Galaxis.
Diese spezifische Farbkodierung bedeutet: Durch neueste Technik kann die Bewegungsrichtung der Materie in M 31 sehr exakt bestimmt werden und beweist die entgegen gesetzte Bewegungsrichtung der gewaltigen Materiemassen sehr genau und ohne, dass es Zweifel geben könnte.
Diese überwältigende Beobachtung in der M 31 ist nur – und ausschließlich nur – mit dem Wolter-Modell zu erklären!
Ich zeigte in meinem Film, wie **einerseits** die gewaltigen Materieballungen und deren Trümmer und **andererseits** die Gas-, Staub- und Trümmermassen in die entgegen gesetzten Richtungen schießen. Ich zeigte das an den unterschiedlichen roten und blauen Farben. Rot bedeutet: die Materie fliegt von uns weg, blau und grün bedeuten: die Materie fliegt auf uns zu. Jeder kann das mit eigenen Augen auf dem Bild (siehe Farbfilm) erkennen.
Diese unterschiedlichen Drehrichtungen in der M 31 sind den Wissenschaftlern bekannt und auf hervorragenden, farbkodierten Aufnahmen bewiesen. Aber sie konnten bisher nicht verstanden und nicht erklärt werden.

Kann es noch einen besseren Beweis für meine Erklärungen geben als dieses farbkodierte Bild, das die unterschiedlichen Drehbewegungen in der nahen Nachbargalaxie zeigt?

Auch die italienischen Forscher verstehen noch nicht, warum es diese unterschiedlichen Drehrichtungen der Himmelskörper in den Galaxien gibt.
Sie wissen nämlich nichts von mir und meiner Erklärung und gehen von völlig anderen Voraussetzungen – nämlich der Urknall-Theorie – aus und können ihre Beobachtungen deshalb nicht erklären.
Meine neuen Beobachtungen passen nicht zur Urknall-Theorie! Also werden sie oft ignoriert, belächelt oder bekämpft!

Ich erklärte im Film auch, dass die sog. „kleinen Materieballungen" (im Film als kleine schwarze Löcher bezeichnet) aus dem Zentrum der Galaxien raketenartig in die entgegen gesetzte Richtung weit in den Raum schießen. Sie hinterlassen einen raketenartigen Schweif, gebildet aus neuer Materie ($E = mc^2$), der wie bei einer startenden Rakete in die rückwärtige Richtung schießt.
In dem Videofilm wird dies – neben den schon beschriebenen großen Materieballungen - deutlich gezeigt:
Die Entstehung der Sonnen und Himmelskörpern in den Galaxien ist sehr einfach zu erklären.
Genau dasselbe (Materie aller Art, die in die rückwärtige Richtung geschleudert wird $E = mc^2$) geschieht in gewaltig stärkerer Weise auch hinter den zwei großen Materieballungen, die auf gebogenen Bahnen ebenfalls weit ins All schießen und die neuen Spiralen der Galaxie in den Raum „stanzen". Die beiden großen Materie-Ballungen bilden also die Scheibe der neuen Galaxie, senkrecht dazu schießen die zwei kleinen Materie-Ballungen (als kleine schwarze Löcher bezeichnet) weit in den Raum hinaus.

Hinter den großen Materieballungen entstehen nicht nur die dunklen Gas- und Staubbahnen – die späteren Spiralen -, sondern hier werden auch gewaltige Materie-Trümmerteile (z. Teil größer als Erde und Mond) zusammen mit dunklen Gas- und Staubmassen gebildet.

Die genannten gigantischen Gas- und Staubmassen „rieseln" - durch Gravitationskräfte angezogen - auf die hinterlassenen gewaltigen Trümmer herab. Dabei entstehen die Millionen und Milliarden Sonnen neu, die ich im Film als einen „rötlich-blauen Schimmer" in den neu entstehenden Spiralarmen der Galaxie zeigte.
Es sind die Sonnen, die später die anfangs dunklen Spiralbahnen der neuen Galaxie - Spiralgalaxie – beleuchten und für unsere Teleskope sichtbar machen.

Mit diesen „Rieselungen" der Gas- und Staubmassen entstehen also die unterschiedlichen Himmelskörper und Sonnen in den Galaxien:
Auch heute noch „rieseln" täglich tausende von Tonnen Gas- und Staubmassen auf die Sonne und die Erde – und auch auf andere Himmelskörper – herab. Auch diese Massen werden durch Gravitationskräfte angezogen.

Wir können dieses gewaltige Geschehen im Weltall nur staunend und ehrfürchtig zur Kenntnis nehmen. Und wir müssen natürlich wissen, dass wir nicht auslernen werden. Denn täglich kommen neue Beobachtungen hinzu.
Um all dies besser verstehen zu können, sollte man meinen Farbfilm aus „Sonde-Technik-Wissenschaft" ansehen." So weit Meister Wolter.

3) Arbeit im „Spiegel"

Nr. 29 vom 14.07.08 von Dr. Stampf:

Hochzeit der Sternenfresser
Eine deutsche Himmelsforscherin hat das schnellste Gestirn im ganzen Universum entdeckt: ein Schwarzes Loch, das mit Urgewalt aus seiner Muttergalaxie geschleudert wurde.
Kann so etwas auch in unserer Milchstraße geschehen?

Nacht für Nacht fahndete das Roboterteleskop nach unbekannten Sternen und Galaxien. Und jeden Morgen, wenn die Sonne aufging, waren dem vollautomatischen Observatorium wieder eine halbe Million neuer Objekte ins Netz gegangen, die nie ein Mensch zuvor gesehen hatte.

Hoch oben auf dem Apachenberg in New Mexico haben Sternenforscher bis vor kurzem die bislang umfassendste Inventur des Himmels unternommen. Hunderte Wissenschaftler aus aller Welt kümmern sich derzeit darum, den Datenschatz des „Sloan Digital Sky Survey" auszuwerten. Eine von ihnen ist Stefanie Komossa, 41, vom Max-Planck-Institut für extraterrestrische Physik in Garching bei München. Die Forscherin analysiert das Licht Tausender Galaxien, die vom Sloan-Teleskop in den vergangenen Jahren aufgespürt wurden. Wieder und wieder jagt sie die Messdaten durch die Auswertungsprogramme. Gezielt sucht sie nach Lichtspektren, die von urgewaltigen Geschehnissen künden. Nun wurde ihre Fleißarbeit mit einer aufregenden Entdeckung belohnt: Die Astrophysikerin ist auf das bislang schnellste Gestirn im ganzen Universum gestoßen – einen Himmelskörper, der auch sonst höchst bizarre Eigenschaften aufweist. Mit fast 3000 Kilometer in der Sekunde rast das Objekt durch die lichtlosen Weiten. In den wenigen Sekunden, die es dauert, diesen Absatz zu lesen, könnte es einmal die Erde umrunden. „Mit einem so extremen Tempo hätte ich nie gerechnet", sagt Komossa. „Die Geschwindigkeit ist so hoch, dass es dabei ist, das Gravitationsfeld seiner Muttergalaxie zu verlassen." Und mehr noch: Das unheimliche Gebilde im Sternbild des Löwen bewegt sich nicht nur irrwitzig schnell, es ist auch irrwitzig schwer – es wiegt so viel wie mehrere hundert Millionen Sonnen.

Was für ein Geschoss! Eine solche Masseballung kommt nur bei einer Art von Himmelsobjekten vor: den rätselhaften Schwarzen Löchern. Ihre Anziehungskraft ist so gewaltig, dass sie, monströsen Staubsaugern gleich, ganze Sonnensysteme an sich ziehen und verschlingen. Nicht einmal Lichtstrahlen lassen die Schwerkraftfallen aus ihrem düsteren Schlund entrinnen – deshalb erscheinen sie auch vollkommen unsichtbar.

Doch speziell die superschweren Exemplare verharren normalerweise im Zentrum ihrer jeweiligen Galaxie. Nahezu bewegungslos warten die Materiefresser dort auf den nächsten Sternenschmaus. Was also hat dazu geführt, dass das von Komossa entdeckte Ungetüm aus der eigenen Sterneninsel geschleudert wurde?

„Eine derart hohe Beschleunigung tritt nur bei einem einzigen Ereignis auf", erklärt die Max-Planck-Forscherin „der Verschmelzung zweier Schwarzer Löcher." Komossa hat somit erstmals den Beweis erbracht, dass sich die Schwerkraftmonster, wie von theoretischen Physikern vorhergesagt, tatsächlich zu noch größeren und schwereren Gebilden vereinigen können.

Eine solche Hochzeit der Sternenfresser ereignet sich aber nur äußerst selten; selbst wenn sie einander bedrohlich nahe kommen, kann es Jahrmilliarden dauern, bis sie sich gegenseitig verschlingen. Denn für eine halbe Ewigkeit verhindert die Fliehkraft, dass einander umkreisende Schwarze Löcher einfach so zusammenstoßen – ebenso wie die Fliehkraft verhindert, dass die Erde in die Sonne fällt. Bis vor kurzem haben es die Theoretiker noch nicht einmal vermocht, die Verschmelzung überhaupt zu simulieren; ständig stürzten bei dem Versuch ihre Supercomputer ab. Erst vor zwei Jahren ist es den Forschern gelungen, die dabei auftretenden dramatischen Effekte vorherzusagen. Im Moment der Vereinigung zweier Schwarzer Löcher versagen die Gesetze der klassischen Physik, nur noch Einsteins Allgemeine Relativitätstheorie hat Gültigkeit. Schwerkraftwellen werden ausgesandt, die den Raum selbst erzittern lassen und bis zum anderen Ende des Universums spürbar sind. Allerdings schießen die Schwerkraftwellen, wie die Modelle zeigen, bevorzugt in eine Richtung davon, vergleichbar dem Antriebsstrahl einer startenden Rakete. Auf diese Weise kommt es zu einem gigantischen Rückstoßeffekt, der das neu entstehende größere Schwarze Loch genau in die entgegen gesetzte Richtung beschleunigt – und ihm seine Rekordgeschwindigkeit verleiht (siehe Grafik).

Doch wie hat die Astrophysikerin diesen „Super-Kick" überhaupt entdecken können? Schließlich kann man Schwarze Löcher nicht sehen. Und bislang haben die Sternenforscher auch noch niemals Schwerkraftwellen aufgefangen. Wie also erkennt man ein Schwarzes Loch, das durch die Schwärze des Alls saust? Der Trick: Das Ungetüm fliegt nicht allein davon. Als es aus seiner Galaxie geschleudert wurde, hat das Schwarze Loch gewaltige Mengen Gas und Staub und sogar ganze Sterne mit sich gerissen: Mehrere zehntausend Sonnen befinden sich in seinem Schlepptau. Genau diese leuchtende kosmische Karawane, die durch den Leerraum rast, hat Komossa mit ihrem Team nachgewiesen.

Es ist eine Reise nach nirgendwo. Unermesslich sind die Abgründe zwischen den Galaxien. Trotz seines hohen Tempos wird das vagabundierende Schwarze Loch wahrscheinlich nie wieder eine neue Welteninsel erreichen. Aber zumindest hat es im Reisegepäck genügend Sonnen als Futter, die es im Laufe von Äonen vertilgen kann. So geschieht es alle paar tausend Jahre, dass einer der Begleitsterne ihm zu nahe kommt. Gewaltige Gezeitenkräfte zerren dann an dem Stern, reißen ihn auseinander. In jeder Minute saugt das Schwarze Loch eine Masse vergleichbar der Erde an. Ehe die Materie für immer in seinem Schlund verschwindet, wirbelt diese – ähnlich wie Badewannenwasser um das Abflussloch – spiralförmig darum herum. Schneller und schneller rast der Materiestrom auf das Schwarze Loch zu und wird, weil die Partikel immer stärker aneinander reiben, auf viele Millionen Grad Celsius aufgeheizt – der Todesschrei einer fernen Sonne.

Ungefähr zehn Jahre dauert es, bis das Schwarze Loch einen Stern vollständig zermalmt hat. Als starker Röntgenblitz ist das ultraheiße Feuerwerk der Vernichtung selbst in großer Entfernung sichtbar. „Auf diese Weise ist es uns möglich", erklärt Komossa, „das Schwarze Loch und seine Begleitsterne auf ihrem weiteren Weg durch die intergalaktischen Weiten zu verfolgen." Wenig lässt sich hingegen über die Muttergalaxie in Erfahrung bringen, aus der das Schwarze Loch einst katapultiert wurde; sie befindet sich rund zehn Milliarden Lichtjahre von der Erde entfernt. Viel zu weit weg, um irgendwelche Einzelheiten zu erkennen. Das Drama hat sich folglich in fernster Vergangenheit abgespielt, was kein Zufall ist: In den ersten Jahrmillionen nach dem Urknall war das Universum noch sehr viel kleiner als heute. Entsprechend lagen die Galaxien enger beieinander. Hundertmal häufiger stießen die Sterneninseln damals zusammen und vereinigten sich zu größeren. Und genau dadurch gerieten dann auch ihre jeweiligen supermassiven Schwarzen Löcher auf Kollisionskurs. Heute ereignen sich solche Galaxien-Crashs nur noch selten. Denn nach Art eines Luftballons, der unaufhörlich aufgeblasen wird, hat sich das Universum seit seiner stürmischen Jugendzeit immer weiter ausgedehnt. Die Abstände zwischen den Galaxien haben drastisch zugenommen.

Und doch wird ein solches Inferno auch in Zukunft noch vorkommen. Sogar die Milchstraße ist von einem Zusammenstoß bedroht. Unsere Heimatgalaxie besteht aus geschätzten hundert Milliarden Sonnen, und in ihrem Herzen beherbergt sie ebenfalls ein superschweres Schwarzes Loch. Fast ebenso groß ist die Sterneninsel, die mit 500 000 Stundenkilometern auf die Milchstraße zurast: die benachbarte Andromeda-Galaxie. Bis zum Weltuntergang wird es allerdings noch eine Weile dauern: Voraussichtlich erst in fünf Milliarden Jahren kommt es zur Kollision der Giganten. Doch dann wird die menschenleere Erde wohl längst um eine ausgebrannte Sonne kreisen." So weit Dr. Olaf Stampf.

Email von Hans Ulrich Wolter an Dr. Stampf (Spiegel) vom 25.07.2008:
Sehr geehrter Herr Dr. Stampf, ich habe Ihre hervorragende Arbeit im „Spiegel" Nr. 29 vom 14.07.08 gelesen. Sie beschreiben die neue große Entdeckung von Frau Dr. Komossa (MPI in Garching b. München).

Frau Dr. Komossa entdeckte ein gigantisches kosmisches Geschoss, das mit der gewaltigen Geschwindigkeit von etwa 3000 km/Sek aus einer sehr fernen Galaxie herausgeschleudert worden ist.

Und mehr noch: Das unheimliche Gebilde im Sternbild des Löwen bewegt sich nicht nur irrsinnig schnell, es ist auch irrwitzig schwer – es wiegt so viel wie mehrere hundert Millionen Sonnen. So ist es in Ihrer Zeitschrift sehr richtig beschrieben.

Bisher konnte dieses gewaltige kosmische Geschoss offensichtlich nicht stimmig erklärt werden.

Ich freue mich, dass ich solche gigantischen Geschosse bis in die Details in der wissenschaftlichen Fernsehsendung „Sonde-Technik-Wissenschaft" im 3. Programm erklärt habe. Meine Voraussage ist mit den Beobachtungen und den Gesetzen der Physik in vollkommener Übereinstimmung.

Meine exakte Voraussage ist nun also durch die neue Entdeckung in Garching voll bestätigt worden und zeigt damit an, dass mein revolutionierendes Erklärungsmodell der kosmischen Realität standhält.

Ich habe den Videofilm – 14 Minuten Laufzeit – in meinen Händen.

Hochachtungsvoll

Hans Ulrich Wolter

4) Notizen von Hans Ulrich Wolter zu der Sendung von Prof. H. Lesch, Bayern Alpha vom 04.03.09

Die Sendung heißt: „Was ist ein Blazar"?

Prof. Lesch erklärt, der Blazar ist ein Monster. Eine außerordentlich helle Quelle im tief innersten Zentrum einer Galaxie.

Der aus dem Fernsehen wohl bekannte Physiker, Kosmologe, Philosoph und Theologe, Prof. H. Lesch erklärt am 04.03. 2009 in seiner Wissenschaftssendung im Fernsehen mit dem Namen „Alpha Centauri" das Zentrum im Innersten von Galaxien (Was ist ein Blazar?)

Ich zitiere Ausschnitte aus seinen bemerkenswerten Aussagen deshalb wörtlich, weil er mit seinen Worten genau **das** bestätigt, was ich bereits 18 Jahre vor ihm – ebenfalls im Fernsehen „Sonde-Technik-Wissenschaft" am 24.04.1991 – richtig vorausgesagt habe.

Ich freue mich natürlich sehr darüber, dass mir diese Voraussage gelungen ist.
Auch Einstein hatte einst richtige und wichtige Voraussagen gewagt und die Wissenschaftler mussten daraufhin zur Kenntnis nehmen, dass er tatsächlich die großen Zusammenhänge im Weltall besser verstehen und erklären konnte als andere.

Hier nun also die sehr emotional vorgetragenen Aussagen von Prof. Lesch, der über den sog. Blazar folgendes erklärt:

„Später stellte man fest – es gibt Objekte, die sich besonders dadurch hervortun, dass sie eine sehr intensive Aktivität im Zentrum der Galaxie zeigen.
Diese Aktivität, die sich auch noch widerspiegelt in Form von variabler Strahlung.
Diese Strahlung ist nicht so „Gleichstrom" – gleichmäßig hell -, sondern die Quelle „wackelt" in ihrer Leuchtkraft.
Und zwar auf allen möglichen Zeitskalen im gesamten elektromagnetischen Spektrum!

Sie merken schon, wie sehr ich echauffiert bin!
Also was glauben Sie, was jetzt auf Sie zukommt?

Ein Blazar ist also ein Objekt, das mitten im Zentrum einer Galaxie sitzt, von dem wir nichts anderes sehen, als diese starke zentrale Leuchtkraft!
Wir sehen nichts anderes!

Jetzt ist es so – das muss ich jetzt kurz vorausschicken.
Es gibt ein Standard-Modell über aktive galaktische Kerne – also für Quasare und auch für Blazare -, das besagt folgendes:
In der Mitte sitzt ein supermassives schwarzes Loch, etwa 100 Millionen bis wenige Milliarden Sonnenmassen schwer.

Um dieses massive schwarze Loch befindet sich eine Gasscheibe. Und praktisch senkrecht zur Scheibenebene schießen aus dem zentralen Objekt Jets heraus – so!

Und jetzt hängt alles davon ab, wie der Beobachter dieses Objekt beobachtet.
Sieht er es von der Seite, dann sieht er die Gasverteilung der Scheibe und die Jets also senkrecht dazu.

Dann gibt es noch solche, die durch unglaublichen Dusel genau in den Jet hineingucken.
Quasi in die Röhre – und diese Röhre führt genau in das Zentrum der Galaxie und wir gucken direkt auf die zentrale Maschine.

Und diese Objekte, die wir praktisch durch den Jet hindurch sehen, das sind Blazare!" So weit Prof. Lesch.

Wolter: „Bisher glaubte man, Jets würden durch sog. Synkroton-Strahlung erzeugt. Nun erkennt man, es handelt sich um gewaltige „Blocks", die aus Plasma und Materie geformt sind!"

Weiter Prof. Lesch:
„Blazare, das sind also wirklich die absoluten Zentren der Galaxie!
Und was sich darin abspielt – wouw! - da machen Sie sich keine Vorstellung davon!

Da fangen wir mal erstens damit an,
was sehen wir im Radiobereich, wenn wir in dieses Gebiet hineinschauen?
Wir sehen unglaublich variable Strahlung.
Strahlung auf Zeitskalen von nur Stunden – bis hin zu einem Tag.

Das heißt, dieses Gebiet ist nicht besonders groß.
Die Strahlung verändert sich dort ständig!

Dazu sieht man in diesem Gebilde, wie ein Plasma-Block sich mit scheinbarer Überlichtgeschwindigkeit aus dieser Quelle herausbewegt.

D. h. – siehe sog. „kinematischer Effekt" – dass dieser Block sich mit annähernder Lichtgeschwindigkeit auf uns zu bewegt!

Dieser Block ist quasi dem vorauseilenden Licht ganz nahe auf den Fersen!

Auch im optischen Licht sieht man, wie die Quelle sich ständig verändert!
Man erkennt an den breiten Linien, dass sich das Gas mit großer Geschwindigkeit bewegt:
Bis 30.000 km pro Sekunde = ein Zehntel der Lichtgeschwindigkeit.

D. h., um das Zentrum der zentralen Maschine um die Galaxie herum bewegen sich Gasklumpen – Plasma Klumpen mit sehr hoher Geschwindigkeit!" So weit Lesch.

Und weiter Lesch:
„Und dann wird es ganz hart:
Reden wir nun über harte Röntgen- und Gammastrahlung:
Diese variieren teilweise im Minuten-Rhythmus.
Das ist die Strahlung von hoch-relativistischen Teilchen!

Wenn wir also in einen Blazar hineinschauen, sehen wir also, dass da eine Maschine existieren muss, die in der Lage ist, relativistische Teilchen in unglaublicher Menge zu produzieren.
Diese zentrale Maschine schafft es also, Teilchen auf sehr hohe Geschwindigkeit zu beschleunigen, mal hoch, mal tief.

Und jetzt wird`s noch härter:
Kommen wir zu ultraharten Gammastrahlungen.
Sie sind so stark, dass man sie kaum in den irdischen Beschleunigern erzeugen kann:
Es werden Elektronen erzeugt mit einem Lorenz-Faktor von 10^6 bis 10^7.
Die Teilchen haben sehr hohe Energien: TEV-Energie.

All das ist außerordentlich schwierig:
Es entstehen extrem starke Energien in großer Menge. Die TEV-Strahlung ist noch eine Million Mal stärker als das, was wir z. B. mit 10 hoch 20 Herz messen.

Eigentlich müssten da doch Paare entstanden sein!?

Wie kommt ultraharte Gamma-Strahlung aus den Blazaren heraus? – wouw!?

Wir sehen also in die zentrale Maschine hinein – in das Inferno im Innern einer Galaxie:
Die Photonen bewegen sich frei!
D. h., sie stoßen nicht irgendwie zusammen!

Das bedeutet mit anderen Worten:
Die Photonenquelle für die Gammastrahlung muss einen gewissen Abstand von dieser zentralen Maschine haben! Wie das genau funktioniert, das wissen wir noch nicht!" So weit Lesch.

Wolter: „Auch diesen rätselhaften „gewissen Abstand" kann ich sehr einfach erklären und habe das in der Fernsehsendung von 1991 leicht verständlich beschrieben."

Weiter Prof. Lesch:
„Das ist also ein tiefer Blick in eine Physik, die sonst im Kosmos nicht so deutlich zu beobachten ist:
Blazare sind also etwas sehr Außergewöhnliches:
Das ist ein Inferno – eine Partie -, wie man sie um schwarze Löcher herum früher niemals für möglich gehalten hätte!" So weit Prof Lesch in „Alpha Centauri" am 04.03.2009.

Der Privatgelehrte Wolter sagt hierzu:
„Mit diesen eindringlichen Worten beschreibt der wohl aktivste und bekannteste deutsche Wissenschaftler, Prof. Lesch das Zentrum der Galaxie.

Die Physiker, Kosmologen, Astrophysiker und Teilchenphysiker haben sich etwas so Gewaltiges bisher wirklich nicht vorstellen können.

Genau aus diesem Grunde wurden also meine Erklärungen vom 24.04.1991 im Wissenschaftsfernsehen auch kaum gehört:
Ich habe das, was Prof. Lesch hier so echauffiert beschribt, tatsächlich bis in die Details und sehr einfach und leicht verständlich mit einem Farbfilm dokumentiert und erklärt. Habe es vor mehr als 18 Jahren also richtig vorausgesagt. So einfach und verständlich, dass dies sogar der 15-jährige Schüler Alexander Reinders verstehen konnte (Siehe seinen Brief, der in diesem Buch bereits zitiert wurde!).

Ich freue mich natürlich sehr, dass man meine frühe Entdeckung vor 18 Jahren nun so relativ schnell bestätigen konnte – so wie es Prof. Lesch

hier auf Grund von exakten Beobachtungen in seiner bekannten, hervorragenden Sendung zu erklären versucht.
Meine Erklärungen in der Fernsehsendung waren gegenüber denen von Prof. Lesch einfach und klar verständlich.

Ich muss gestehen, ich habe das nicht für möglich gehalten!
Umso größer also ist meine Genugtuung und Freude.
Wie man sich wohl vorstellen kann, waren die vergangenen Jahre nicht leicht für mich:
Die meisten Wissenschaftler haben meine damaligen Erklärungen ignoriert, belächelt und bekämpft.

Zurück zu den Blazaren:

Ich habe also 1991 vor vielen hunderttausend Zuschauern, die diese beliebte Sendung in „Sonde-Technik-Wissenschaft" (Moderator Dr. Peter Rost) gesehen haben, sehr genau gewusst, was ich dort voraussagte!
Skeptiker, die an meinen Ausführungen und Erklärungen zweifeln, müssen nun also zugeben, dass ich mir die Abläufe solch komplexer gigantischer kosmischer Prozesse nicht einfach erdacht haben kann.
Ich habe das, was Prof. Lesch am 04.03.2009 in seiner Sendung gebracht hat, u. a. am 24.04.1991 bereits 18 Jahre vorher richtig vorausgesagt.
Damit habe ich bewiesen, dass ich die großen Zusammenhänge im Zentrum einer Galaxie **als Erster** bereits richtig erkannt hatte!

Bevor ich nach vielen Jahren die Chance von Dr. Rost bekam, einen Film über diese gigantischen Prozesse im innersten Zentrum von Galaxien zu machen, habe ich zuvor viele hundert Seiten mit Datum bei Notaren hinterlegt und in meinen Büchern (Eigenverlag) niedergeschrieben.
Ich habe Teile meiner Arbeiten auch in einem physikalischen Magazin in den USA veröffentlicht.
Nun nach diesen neuen Erkenntnissen, die von Prof. Lesch sehr engagiert vorgetragen wurden, von denen ich jedoch erst vor wenigen Tagen erfahren habe, erwarte ich nun, dass man natürlich auch meine revolutionierenden Erklärungen zur Kenntnis nimmt und prüft.

Ich erwarte es auch deshalb und wohl zu Recht, weil Prof. Lesch zugeben musste:
„Wie das genau funktioniert, das wissen wir noch nicht!"
Wie das genau funktioniert, das habe ich damals 1991 sehr genau erklären können.

Die Funktionsweise dieser Maschine - wie Lesch sie nennt - ist genau so genial wie grandios und wunderbar:
Wir Homo Sapiens können diese gewaltigen Prozesse, denen wir unser Dasein verdanken, also nur ehrfürchtig staunend zur Kenntnis nehmen!"
So weit Wolter.

5) Die Erklärungen von Professor Halton Arp (MPI, Garching)

(Siehe die Ausführungen in diesem Buch unter Artikel „Was sagen andere namhafte Wissenschaftler?").

Meister Wolter: „Die Forschungs-Ergebnisse über Quasare von Prof. H. Arp sind eine eindeutige Bestätigung für meine Quasar-Erklärung vom 24.04.1991 in der Wissenschaftssendung „Sonde-Technik-Wissenschaft". Halton Arp weist exakt nach, dass die Quasare mit Gas- und Staub-Bahnen mit ihrer Mutter-Galaxie verbunden sind.

Dies beweist, dass es sich bei Quasaren nicht um **alte** Galaxien handelt – wie bisher angenommen -, sondern um gewaltige Materie-Ballungen, die aus ihrer Muttergalaxie herausgeschleudert wurden.

Näheres können Sie in meinen Büchern „Universum" und „NO BANG" bzw. aus der Film-Kassette entnehmen." So weit Wolter.

Noch einige Erklärungen von H. U. Wolter zu den Gamma Ray Bursts (Little-Bangs):

Die Gamma-Ray-Explosionen

Es ist klar, dass nach einer kosmischen Explosion des alten Galaxienzentrums (Gamma Ray Bursts genannt), wie ich sie 1991 im Fernsehen beschrieben habe, die Himmelskörper, die einst sehr nahe um das explodierende Zentrum der elliptischen Muttergalaxie kreisten, deshalb auch einen stärkeren Explosionsstoß (Gamma Ray Burst) bekamen und deshalb auch entsprechend weiter in den Raum hinaus geschleudert wurden und sich deshalb natürlich sehr schnell bewegen müssen.

Dort außen im Halo zeigen die Himmelskörper deshalb – wie auch von den italienischen Forschern beobachtet – noch immer die schnelleren Bewegungen!
So habe ich also auch diese zu schnelle Bewegung der Himmelskörper – mit Hilfe der gigantischen kosmischen Explosionen = Gamma Ray Bursts erklärt.
Bisher konnten die etablierten Theoretiker nicht erkennen und nicht verstehen, dass Himmelskörper durch kosmische Explosionen weit in den Weltraum, ins Halo (Außenbereich der Galaxie) geschleudert werden.
Und dass sie sich danach in Millionen und Milliarden von Jahren langsam wieder an das neue Zentrum der Galaxie annähern und damit eine elliptische Galaxie bilden.

D. h., die Galaxien entwickeln sich ständig. Sie werden nach unendlichen Jahren langsam wieder zu alten elliptischen Galaxien und diese explodieren dann wieder und verjüngen sich damit.
Durch sog. Gamma Ray Bursts entsteht dann wieder eine junge, neue Galaxie, die wir später, wenn sie zu leuchten beginnt, Spiralgalaxie nennen!
In dieser neuen Spiralgalaxie können jedoch noch viele alte Himmelskörper und Trümmer der alten elliptischen Muttergalaxie existieren, die jedoch die alte, vorherige – entgegen gesetzte - Drehrichtung beibehalten haben.
Die unterschiedlichen Drehbewegungen in einer Galaxie müssen folgendermaßen erklärt werden, so wie ich es auch in der Fernsehsendung am 24.04.1991 getan habe:
Die zwei Materie-Ballungen, die im Zentrum der elliptischen Galaxie umeinander wirbeln und sich gegenseitig aufheizen, werden durch den Gamma Ray Burst – Explosionsstoß – wie alle anderen Himmelskörper

auch, auf bogenförmigen Bahnen weit in den Raum geschleudert und behalten damit ihre Drehrichtung bei!
Jedoch aus den zwei gigantischen Materie-Ballungen von Milliarden Sonnenmassen befreit sich die verdichtete Materie mit $E = mc^2$ und schießt in die entgegen gesetzte Richtung(siehe Raketenprinzip!). D. h., die neue entstehende Materie der neuen Galaxie hat die entgegen gesetzte Drehrichtung der alten Galaxie. Beide unterschiedliche Drehrichtungen bestehen in der neu entstehenden Galaxie nebeneinander!
Und genau das beweisen die italienischen Kollegen bis in die Details und bestätigen damit meine Erklärung!"

Zusammenfassung:
„Es gibt auch im All das ewige „Vergehen und Neuwerden", ähnlich wie auf der Erde.
D. h., die Galaxie dehnt sich nach der Gamma-Explosion gewaltig aus und konzentriert sich später durch die Gravitationskräfte wieder so lange, bis es zu einer erneuten, gigantischen Explosion kommt.
Ein Großteil der alten Himmelskörper in der alten elliptischen Galaxie wird dabei weit in den Raum geschleudert und bildet das sog. Halo, das die neu entstandene, junge Spiralgalaxie umgibt. Jeder Himmelskörper der alten elliptischen Galaxie bekommt durch die Gamma-Explosion neue Bewegungsenergie. D. h., er wird schneller und ist weiter vom Zentrum entfernt!

Diese weit außen im Raum kreisenden alten Himmelskörper sammeln das Wasserstoffgas mit Hilfe der Gravitationskraft auf und erscheinen deshalb gasförmig. In ihrem Inneren aber haben sie, genau wie die großen Gasriesen im Sonnensystem – Jupiter und Saturn – einen festen Kern aus normalen schweren Elementen (= Reste und Trümmer alter Himmelskörper und Materieballungen). Die im Halo kreisenden Himmelskörper haben also dreimal weniger schwere Elemente.

Auch das wurde von den italienischen Forschern sehr exakt nachgewiesen. Auch für diese Besonderheit hatte man bisher keine Erklärung.
Ich freue mich, dass ich diese geben konnte, und das bereits im Jahre 1991!!

Das Wasserstoffgas entsteht durch $E = mc^2$ aus der gigantischen Explosionsenergie des Gamma Ray Bursts. D. h., es flockt nach $E = mc^2$ aus der Explosionsenergie aus.
Ich erklärte, dass die gewaltigen sog. Gamma Ray Bursts (GRB), von denen täglich mindestens eins bis zwei in den Tiefen des Alls nachgewiesen werden, die von mir beschriebene und erklärte Explosion des Galaxienzentrums von einer alten Galaxie ist.
D. h., bei diesen täglichen Explosionen entsteht irgendwo im All wieder eine neue junge Spiralgalaxie, die jedoch erst Millionen Jahre später von neu entstehenden Sonnen beleuchtet wird und deshalb erst dann für unsere Teleskope sichtbar wird, so wie im Film beschrieben.

Bisher aber konnten diese gigantischen sog. GRB nicht stimmig erklärt werden.
Man glaubte bisher, es müsste sich wohl um explodierende große Sonnen und Schwarze Löcher handeln. Alle diese vielen unterschiedlichen Erklärungsversuche der Gamma Ray Bursts waren jedoch nicht durch Beobachtungen zu bestätigen.

Ich freue mich deshalb natürlich besonders, dass es mir gelungen ist, auch diese kosmischen Phänomene so einfach zu erklären, dass es jeder, wie z. B. auch der 15-jährige Schüler Alexander Reinders, verstehen kann.

Vielen etablierten Theoretikern aber werden meine neuen Erklärungen wohl viel zu einfach und zu simpel erscheinen.
Sie werden wohl nicht glauben können, dass es so einfach ist, die großen Zusammenhänge im Weltraum – auch ohne schwierige mathematische Formeln und Gleichungen –zu erklären:
Der große St. Hawking wusste es jedoch besser und sagte: Jede Formel vermindert den Verkaufserfolg eines Buches um etwa 40 %.

Es gibt augenblicklich keine bessere Erklärung für die grandiosen Prozesse im Weltraum, als mein Wolter-Modell, wie Dr. Rost es nannte.
Es ist die Erklärung der großen Zusammenhänge, auch in den Galaxien!
Und zwar so lange, bis ein Wissenschaftler eine bessere Erklärung für die Entstehung der Galaxien vorweisen kann.

Man kann dieses neue Modell ignorieren, belächeln oder bekämpfen, so wie einst auch bei Kopernikus und Galilei geschehen.
Schließlich hat sich aber doch die bessere, logischere und einfachere Erklärung durchgesetzt, obwohl Galilei noch „abschwören" musste.
Neue Erklärungen der großen Zusammenhänge im Universum müssen möglichst einfach und verständlich sein, auch wenn das manchen vielleicht nicht gefällt und sie lieber komplizierte mathematische Formeln und Gleichungen produzieren würden. Oder wie im Falle des gewaltigen Beschleunigers LHC etwa 6000 Millionen Euro an Steuergeldern ausgegeben wurden. Kosten also in Milliardenhöhe, um den Urknall zu bestätigen und die sog. Exotische dunkle Energie und Exotische dunkle Materie aufzufinden.
Exotiken, die man bisher jedoch nicht nachweisen konnte.
Exotiken, die man bisher jedoch als die Grundpfeiler der Standard-Theorie (Big-Bang-Theorie) bezeichnet.

Besser, klarer und deutlicher kann man wohl nicht erklären, was Sache ist:
Es ist das Aus für die alte Urknall-Theorie! Das bestätigt auch der bedeutende Prof. H. J. Fahr von der Universität in Bonn mit seinem Werk: „Der Urknall kommt zu Fall" sowie die Physikerin Frau Prof. Wendy Freedman, USA.
Sie erklärt: „Wir brauchen eine neue Physik. Die bisherigen Theorien sind endgültig zusammengebrochen!" So weit Wolter.

11. Wird es ein Umdenken in der Kosmologie geben?

(Schlusswort)

Das war also mein Buch, das von dem Privatgelehrten H. U. Wolter und dessen neuen kosmologischen Erkenntnissen berichtet.
Ob es ein Umdenken in Sachen „Vorgänge im Kosmos" geben wird?
Ich antworte mit „Ja". Dieses Umdenken wird es **sicher** geben.
Es wird immer wieder neue Beobachtungen geben, die die bisherigen Erklärungen in Frage stellen.
Und es wird immer so sein: Das einzig Beständige ist der ständige Wandel!

Ob es **einen einzigen** Urknall (Big Bang) gegeben hat – nach der Idee Lemaitres – und aus diesem die **gesamten** nachfolgenden Vorgänge im Kosmos abzuleiten sind, ist äußerst zweifelhaft.
Zu viele Argumente (siehe Kapitel 3 dieses Buches) und Beweise auf Grund der Beobachtungen (siehe Kapitel 10 dieses Buches) sprechen dagegen. Da muss ich dem Privatgelehrten Wolter Recht geben!

Dass es viele Little Bangs auch am sog. „Anfang" gegeben hat, ist meines Erachtens wahrscheinlicher.

Wenn ich hier „Anfang" sage, dann meine ich „die Entstehung der Galaxien".

Auch die Behauptung, das Universum sei ca. 13,7 Mrd. Jahre alt, muss falsch sein, denn man hat inzwischen Galaxien oder Quasare erkundet, die wesentlich älter sein müssen!

Die Wissenschaftler, die den **einen** Urknall vertreten, werden jedoch nicht umdenken „wollen".
Sie werden weiterhin versuchen, die Beweise für den Big-Bang zu liefern!
So, wie z. B. die dunkle Materie und die dunkle Energie!

Und das Wolter-Modell?
Der Privatgelehrte Wolter hatte zweifellos als Erster die Zusammenhänge im Universum richtig erkannt. Damals 1991 im Fernsehen „Sonde-Technik-Wissenschaft" hatte er sie schon vorgestellt. Viele aber konnten oder wollten sie nicht verstehen, weil sie nicht in das gängige Konzept passten!!

Trotz all seiner Bemühungen konnte er in all den vergangenen 18 Jahren nicht erreichen, dass seine Arbeiten ausreichend gewürdigt und geprüft wurden.

Ich sagte einmal zu Herrn Wolter, nachdem ihm ein Journalist abgeraten hatte, seine neuen Erkenntnisse einem anderen Wissenschaftler mitzuteilen:
1. „Wenn Sie Ihre Arbeiten einem anderen weitergeben und sie gefallen ihm, dann wird er vielleicht eine mathematische Formel dazu machen und sie dann als „sein eigenes geistiges Gedankengut" vermarkten wollen, ohne Sie zu benennen.

2. Weil Sie selbst keinen Doktoren- oder Professorentitel haben, ist es sowieso schwer, ein Wissenschaftsmagazin zu finden, dass Ihre Arbeiten veröffentlicht. Auch deshalb, weil Sie ein Gegner der gängigen Urknalltheorie sind. Und Sie wissen ja: das Peer Review, die Zensur!

3. Wenn Sie Ihre Arbeiten in der Schublade liegen lassen würden, wäre es sehr schade, denn man sucht immer noch nach der „Weltformel".

Herr Wolter hat seine gesamten Arbeiten bei Notaren – mit Datum – hinterlegt.

Durch die Veröffentlichung dieses Buches soll nun der Privatgelehrte H. U. Wolter die Chance erhalten, dass seine Arbeiten anerkannt und gewürdigt werden.

Und ich bitte Sie, liebe Leser, ihn dabei zu unterstützen.

Hans Ulrich Wolter ist auch gerne bereit, mit Ihnen persönlich in Kontakt zu treten, um Ihre Fragen zu beantworten.

Anschrift:
Hans Ulrich Wolter
Riedersbornhof
66482 Zweibrücken
Email: Hans-Wolter@kosmologie-neu.com

Autor: Ellen Houy
© 2009 Ellen Houy, St. Wendel
Herstellung und Verlag: Books on Demand GmbH, Norderstedt
ISBN 978-3-8391-1813-9

DER „ANDERE" URKNALL
(Schöpferimpuls)

INHALTSVERZEICHNIS

1. Einleitung
2. Der Meister Bauer
3. Dr. Rost und H. U. Wolter in „Sonde-Technik-Wissenschaft",
   3. Programm in Baden-Baden vom 24.04.1991
4. Was sagen andere namhafte Wissenschaftler?
5. Der Kosmos (schöne Ordnung) ewig und unendlich!
   Was sagen die alten Denker und Weisen aus der Antike?
   Gibt es eine vergehende Zeit?
6. Lemaitre und die Urknall-Theorie
7. Vortrag an der Universität in Bonn (wesentliche Ausschnitte)
8. Klimatologie, Geophysik und Kosmologie sind eng miteinander venetzt
9. Der Urknall in der Galaxie (der andere Urknall)
   Anstatt ein Urknall (Big-Bang) – viele Little-Bangs
10. Die Beweise für das Wolter-Modell
11. Wird es ein Umdenken in der Kosmologie geben? (Schlusswort)

www.ingramcontent.com/pod-product-compliance
Lightning Source LLC
Chambersburg PA
CBHW050213230526
45470CB00001B/369